原発なくそう！九州玄海訴訟「風船プロジェクト」実行委員会

花伝社

風がおしえる未来予想図

脱原発・風船プロジェクト～私たちの挑戦

風船プロジェクト Vol.1
第1弾プログラム
リリース 14:00

2012年12月8日(土)

- あいさつ 柳原 憲文(プロジェクトリーダー)
- 連帯のあいさつ、メッセージ
  - 吉田 恵子(原発なくそう!九州玄海訴訟唐津原告の会)
  - 藤浦 晧(玄海原発対策住民会議・佐賀県玄海町議会議員)
  - 飯田 綾子(さよなら原発ぎふ メッセージ代読)
  - 永野 浩二(玄海原発プルサーマル裁判の会)
  - 木村 ゆういち(九州LOVERS)
  - 長谷川 照(原発なくそう!九州玄海訴訟原告団長)
  - 椛島 敏雅(原発なくそう!九州玄海訴訟弁護団副幹事長)
- 司会 田中 美由紀(原発なくそう!九州玄海訴訟原告団事務局)

風船プロジェクト Vol.2
第2弾プログラム
リリース 14:00

2013年4月14日(日)

- あいさつ　柳原 憲文（プロジェクトリーダー）
- 太鼓演奏　曳山ばやし
- 玄海町から「原発なくそう！」をさけぶ大声大会
  審査員　片山 恭一（作家）、後藤 富和（弁護士）、
  　　　　蔦川 正義（佐賀大学名誉教授）
  審査員講評、表彰式
- 連帯のあいさつ、メッセージ
  藤浦 皓（玄海原発対策住民会議・佐賀県玄海町議会議員）
  氏家 剛（九州LOVERS）
  片山 恭一（作家・原発なくそう！九州玄海訴訟原告）
  東島 浩幸（原発なくそう！九州玄海訴訟弁護団幹事長）

風船の説明　西 直樹（エコロヴィーバルーン合同会社）

風向きの説明　江副 義直

司会　大浦 鈴加（原発なくそう！中央区の会）

風船プロジェクト Vol.3
第3弾プログラム
リリース 14:38
2013年7月28日(日)

- あいさつ 柳原 憲文(プロジェクトリーダー)
- 来賓あいさつ
  - 白鳥 努(原発なくそう！九州川内訴訟弁護団事務局長)
  - 下之薗 優貴(同弁護団)
- 弁護団あいさつ 椛島 敏雅(原発なくそう！九州玄海訴訟弁護団副幹事長)
- ステージイベント「ノー原発アピールタイム」
  - 北九州地域原告団
  - 新婦人福岡県本部「No!nukes☆反核女子部」
  - 博多ぶらぶら隊
- 風向き説明 江副 義直
- こどもの白ハト風船飛ばし
- 川内訴訟団と同時リリース

司会 田中 美由紀(原発なくそう！九州玄海訴訟原告団事務局)

風船プロジェクト Vol.4

第4弾プログラム
2013年10月27日（日）
リリース 14:19

オープニング	太鼓＆ソーラン節　日輪
アコースティックライブ	山北 順二、ウエムラ×ケンジ
主催者あいさつ	柳原 憲文（プロジェクトリーダー）
弁護団あいさつ	東島 浩幸（原発なくそう！九州玄海訴訟弁護団幹事長）
来賓あいさつ	ピース＆グリーンボート　吉岡 達也（ピースボート共同代表）
	ピース＆グリーンボート　キム ファヨン
風船飛散データ分析結果について	三好 永作（九州大学名誉教授）
司会	田中 美由紀（原発なくそう！九州玄海訴訟原告団事務局）

原発なくそう！九州玄海訴訟 風船プロジェクト

Vol.1 2012年12月8日

どこまで飛んでく？放射性物質？!

「原発なくそう！九州玄海訴訟『風船プロジェクト』」では、第1弾として昨年12月8日、佐賀県玄海町にある玄海原子力発電所から約1キロ離れた外津（ほかわづ）橋近くの広場より1,000個の風船を飛ばしました。

万が一玄海原発で過酷事故が発生した場合、放射性物質がどのように飛散するのか、私たちは、私たち市民の手による風向きの「見える化」に挑戦します！

環境への影響を考え、今回風船は100％生分解性の天然ゴム素材、野鳥の誤飲を避けるため、赤やオレンジ色を外しました。またメッセージを付ける紐は短くし、100％コットン素材のものを使用。今後も環境への負荷を低減させるため、引き続き努力していきます。

これまでに16件の発見情報が寄せられています（2月14日現在）。風船を放った7時間後には徳島県で、最も遠くは奈良県で発見されました。今回多くの風船が、佐賀、福岡、大分そして四国上空を通過したと予測されます。

もしも玄海原発で事故が起こったら…あなたは大切な家族を、友人を、そしてあなた自身を守ることはできますか？

風船プロジェクト 発見場所

Vol.1 2012 12月8日

風船は④徳島県まで57Km/h以上の速度で到達！
原発事故が起これば避難経路はすべて大渋滞まちがいなし。
私たちはどうやって避難すればいいんでしょうか？

連絡日時	発見日時	連絡場所	原発からの距離(約)	連絡日時	発見日時	連絡場所	原発からの距離(約)
①12/08 17:30	12/08 16:20	福岡市西区周船寺	39km	⑨12/11 13:00	12/10 12:00	高知市薊野北町 保育園	345km
②12/09 08:24	不明	愛媛県西予市野村町大西	263km	⑩12/12 20:00	12/08 17:00	愛媛県の山の中	―
③12/09 08:42	朝の散歩中	愛媛県八幡浜市穴井	238km	⑪12/15 16:00	12/15 14:00	奈良県吉野郡十津川村の川の岸辺	554km
④12/09	12/08 21:00	徳島県那賀郡那賀町木頭字宇	403km	⑫12/20 朝	不明	大分県別府市	156km
⑤12/10 09:40	12/08 16:30	高知市鴨部	340km	⑬01/09 朝	01/08	高知市高岡郡津野町大野	310km
⑥12/10 17:00	12/10 09:00	高知市高岡郡日高村下分「錦山カントリークラブ」	328km	⑭01/21 11:30	01/11	高知市土佐市永野	325km
⑦12/10	12/09	佐賀市鍋島	48km	⑮02/08 13:00	1/30 午前	高知県土佐市用石 イノシシ猟中	336km
⑧12/11 13:00	12/09 朝	高知市介良 庭の花壇	350km	⑯02/14 17:00	02/14 17:00	奈良県吉野郡十津川村谷瀬	554km

「風プロ」は今後3回実施予定です。2013年初頭には「第2弾実行委員会」が始動しています。この取り組みは「原発なくそう！」という意思表示も目的にしています。興味を持たれた方、ぜひ第2弾に参加してみませんか？「原発なくそう」の想いを語ってみませんか？

わたしたちはこれを契機に、脱原発・反原発で一致するみなさん、まだこの訴訟の原告になられていないみなさんとも手を取り合い、大きな取り組みにしていきたいと考えています。

最後に、この風船プロジェクト第1弾に大変多くのご支援・ご協力を頂きましたことを心より感謝申し上げます。

風船プロジェクトを今後も実施するにあたり、引き続きご支援・カンパのご協力をお願い申し上げます！

振込口座

▼西日本シティ銀行 前原(まえばる)支店
普通口座……… **1815643**
加入者名……… 風船プロジェクト 代表 柳原 憲文
※一口¥1,000より

「風プロ」の最新情報は、下記にてチェック！！

ホームページ　　http://genkai-balloonpro.jimdo.com/
メールアドレス　balloonpro2012@gmail.com
facebook　　　https://t.co/b1I8qYW4
twitter　　　　@balloonpro2012

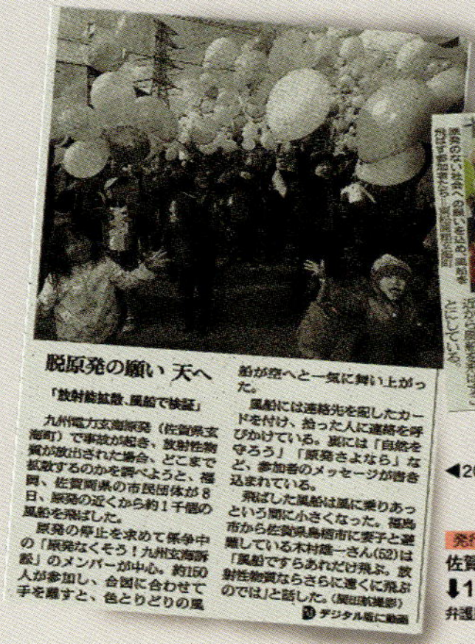

風船プロジェクト第2弾

4月14日(日)
場所 玄海町内
(雨天延期)
詳しくは、ホームページをご覧ください。

◀2012年12月9日 朝日新聞

▲2012年12月9日 佐賀新聞

発行　原発なくそう！九州玄海訴訟　風船プロジェクト実行委員会
佐賀中央法律事務所　Tel 0952(25)3121　Fax 0952(25)3123
↓1万人の原告団めざしまだまだ原告募集中！
弁護団ホームページ　http://no-genpatsu.main.jp/

原発なくそう!九州玄海訴訟
風船プロジェクト
2013年4月14日 Vol.2
結果報告

今度はどこまで?
「原発なくそう!」の想いをのせて…

4月14日(日)、玄海原子力発電所(佐賀県)近くの外津橋(ほかわづ)橋たもとの広場から、子どもたちのカウントダウンに合わせ色とりどりの風船1000個が青空に放たれました。短期間で生分解するという「エコロヴィー風船」につけた国産竹パルプ100%のメッセージカードには「NO NUKE」の想いをしたためました。

今回2回目となった「風船プロジェクト」。協賛団体36、参加者は第1弾を大きく上回る約250名となりました。リリース前集会では作家の片山恭一さんらにごあいさついただき「脱原発・大声コンテスト」など行いました。

天候は晴れ、時折10m/sを超える強風の中、午後2時にリリース、風速2.5m/sの風に乗って風船は玄界灘上空へ飛んで行きました。

現在(5/13)17件の発見情報が寄せられています。これらの情報から、風船は上空1000m付近を通り山口、広島、そして徳島方面へと予測されます。「福岡県北部上空1000mの気流に乗って飛散したと予測されます。「玄海原発から飛んできたなんて…私も反対です!」-私たちのメッセージは確実に届き広がっています。

第3弾は7月28日(日)、「原発なくそう!」九州川内訴訟団と同日同時刻で行う予定です。私たちは「風船プロジェクト」を通し、多くの人々とつながり原発のない社会を目指します。原告でない方も、ご参加ください。現在、伊方原発と川内原発で再稼働がねらわれていますが、その次は玄海原発と言われています。今こそ、「原発は廃炉に!」「再稼動ストップ」の声をあげるときです。ぜひ玄海原発の操業停止を求める1万人原告の1人となってください。

連絡日時	発見日時	連絡場所	原発からの距離(約)
① 4/15 09:20	4/14 17:45	山口県光市 自宅の庭で拾った	201km
② 4/15 10:00	4/15 09:30	山口県柳井市柳井大畠 自宅の庭で	217km
③ 4/15 13:20	4/14 17:00	山口県熊毛郡田布施町波野 自宅の庭で	210km
④ 4/15 14:50	4/15 10:00	広島県江田島市江田島町江向	256km
⑤ 4/15 15:10	4/14 23:30	山口県岩国市周東町上久居 自宅の車庫で	215km
⑥ 4/15 21:14	4/15 10:00	香川県三豊市高瀬町比地中 自宅近くのぼんぼ	365km
⑦ 4/16 13:20	4/15 夕方	徳島県名西郡石井町 石井小学校前	431km
⑧ 4/15 15:00	4/16 13:00	山口県柳井市田布積 畑で拾った	221km
⑨ 4/18 9:20	4/18 8:10	香川県仲多度郡多度津町西白방 今治造船丸亀工場	370km
⑩ 4/19 11:58	4/17 16:30	山口県大島郡周防大島町 向疎の裾の花にひっかかる	223km
⑪ 4/19 13:00	4/17頃	山口県熊毛郡平生町 ウォーキング中、田んぼの中	212km
⑫ 4/22 9:50	4/20 8:00	山口県岩国市周東町祖生 山の中	220km
⑬ 4/24 18:15	不明	徳島県美馬郡つるぎ町一宇 黒笠山	388km
⑭ 4/27 15:43	4/27 昼過ぎ	愛媛県松山市陸升 陸升島	266km
⑮ 5/ 8 12:30	5/4	徳島県三好市(旧東祖谷山村)の山中	366km
⑯ 5/ 8 16:00	5/8	山口県下松市笠戸嶋尾郷	193km
⑰ 5/8 10:55	5/4	広島県豊田郡大崎上島町中野 ミカン畑	293km
⑱ 6/28 19:52	不明	徳島県	441km

3.11東日本大震災に伴う福島第1原発事故では大量の放射性物質が大気中に放出され、情報不足のなか、多くの周辺住民が知らないうちに目に見えない放射性物質に被曝させられました。事故から2年過ぎた今でも、放射性物質は放出し続け、福島県内外への避難者数は16万人以上といわれています。そこで「原発なくそう！九州玄海訴訟」の原告が中心となり、「風船プロジェクト実行委員会」を立ち上げました。全4回にわたり、玄海原発周辺より風船を飛ばし、放射性物質飛散状況の「見える化」に挑みます！

第2弾協賛団体
ラブ・アンド・ピース、手作り製本機の「ブナぶな考房」、山本社会保険労務士事務所I8オフィス、株式会社さららいど「雷山の水」、山口内科クリニック、雷山の森有志の会、玄米食おひさま、敷金診断士藤和事務所、満岡内科消化器科医院、憲法劇団ひまわり一座、新日本婦人の会佐賀県本部、新日本婦人の会福岡県本部、佐賀県医療生活協同組合、神野診療所、有限会社佐賀保健企画、虹の薬局、デイサービスやまもと、多久生協クリニック、福岡内法律事務所、弁護士法人奔流、熊本中央法律事務所、熊本さくら法律事務所、北九州第一法律事務所、ちくし法律事務所、大橋法律事務所、いとしま法律事務所、福岡第一法律事務所、ぴーすなう法律事務所、佐賀駅前法律事務所、不知火合同法律事務所、久留米第一法律事務所、佐賀中央法律事務所、筑豊合同法律事務所、原発なくそう！九州玄海訴訟原告の会、「しこふむ会」、「いとしまの会」、「中央区の会」

発行　原発なくそう！九州玄海訴訟　風船プロジェクト実行委員会
佐賀中央法律事務所　Tel.0952(25)3121　Fax.0952(25)3123
↓現在6097人 1万人の原告数めざし、まだまだ原告募集中！
弁護団ホームページ　http://no-genpatsu.main.jp/

今回多くの団体・個人様より協賛金・カンパをいただきました事、心より感謝申し上げます。第3弾でも引き続き宜しくお願いします！

振込口座
▼西日本シティ銀行 前原(まえばる)支店
普通口座……**1815643**
加入者名………風船プロジェクト 代表 柳原 憲文
　　　　　　フウセンプロジェクト ダイヒョウ ヤナギハラノリフミ
カンパ(振込の場合)：一口1000円
協賛：一口5000円(協賛団体名をメールにてお知らせください)

「風プロ」の最新情報は、下記にてチェック！！
ホームページ　　http://genkai-balloonpro.jimdo.com/
メールアドレス　balloonpro2012@gmail.com
facebook　　　https://t.co/b1I8qYW4
twitter　　　　@balloonpro2012

風船プロジェクト第3弾
7月28日(日)
「原発なくそう！九州川内訴訟」団と同日同時刻に飛ばします！
場所　玄海町周辺
14時リリース予定
詳しくは、ホームページをご覧ください。

原発なくそう！九州玄海訴訟 風船プロジェクト3

2013年7月28日レポート

ハト型風船も登場！

発見場所マップ

風向きは南西
14時38分発射
時速約56キロで飛散

- 第1弾 2012.12.8
- 第2弾 2013.4.14
- 第3弾 2013.7.28

＊必ずしも「風船＝全ての放射性物質」の飛び方ではありません。いかなる方向へも飛んでゆく可能性があります。

北九州地域原告団、新婦人福岡「No!Nukes」、博多ぶらぶら隊が「原発NO」をアピールしました

連絡日時	発見日時	連絡場所	原発からの距離(約)	連絡日時	発見日時	連絡場所	原発からの距離(約)
①7/29 9:10	7/29 8:30	福岡県豊前市大字川内	120km	⑪7/31 17:50	7/28 18:00	大分県中津市三光付近の山国川沿い堤防	130km
②7/29 9:00	7/28 21:00	福岡県築上郡築上町大字本庄	106km	⑫7/31 18:03	7/31 18:00	大分県宇佐市南宇佐	142km
③7/29 9:25	7/28 19:00	大分県中津市三光西秣	126km	⑬8/01 9:00	8/01 9:00	福岡県鞍手郡小竹町	84km
④7/29 9:30	7/28 19:00	福岡県中間市岩瀬西町	88km	⑭8/01 9:29	7/31 17:30	福岡県京都郡みやこ町尾川上伊良原	103km
⑤7/29 14:30	7/29 8:00	熊本県上益城郡山都町花上	154km	⑮8/01 9:00	7/29 5:30	福岡県田川市伊加利桜山町	93km
⑥7/29 16:50	7/29 17:00	大分県中津市耶馬溪町	130km	⑯8/01 21:44		福岡県豊前市	120km
⑦7/29 18:00	7/29 7:00	福岡県築上郡上毛町東下	122km	⑰8/05 9:48	8/03	福岡県豊前市大河内	115km
⑧7/30 10:20	7/30 9:00	大分県宇佐市下矢部	141km	⑱8/06 5:00	8/06 9:45	大分県中津市三光小袋	126km
⑨7/31 12:05	7/29 6:00	福岡県直方市溝堀	86km	⑲7/30頃	8/07 14:00	福岡県豊前市三毛門	123km
⑩7/31 14:30	7/31 10:00	福岡県築上郡上毛町	110km	⑳1/18 17:57	1/18	福岡県豊前市大字川内の山林	117km

7月28日(日) 曇り。総勢250名が波戸岬海浜公園海のトリム(玄海原発から北北東に約5kmに位置)に集まり、午後2時38分、川内原発訴訟団と同時にそれぞれ約1000個の風船を大空へ放ちました。当時現地の風は、南西の風 風速2.6m/秒。気象庁が発表するウィンドプロファイラ観測表によると、平戸上空2000m付近の風は西南西、3～4000mでは西風、5000m上空では西北西の風が記録されており、風船は、それぞれが到達した高度の風に乗り、北九州、大分、熊本方面へと飛行したと推測しています。

第3弾協賛団体

福岡の貝・ハンナ＆マイケル、久留米民主商工会、詩人アーサー・ビナード、手作り製本機「ブナぶな考房」、山本社会保険労務士事務所IBオフィス、株式会社さららいと「霜山の水」、富山の森有志の会、木村公一＆おっちょ、佐賀県医療生活協同組合、神野診療所、デイサービスやまもと、多久生協クリニック、緑の大地と青い地球を守る会、山口内科クリニック、有限会社佐賀保健企画、虹の葉局、久留米第一法律事務所、ぴーすなう法律事務所、佐賀中央法律事務所、いとしま法律事務所、福岡東部法律事務所、不知火合同法律事務所、筑豊合同法律事務所、福岡南法律事務所、中山知憲法律事務所、北九州第一法律事務所、弁護士法人奔流、大橋法律事務所、福岡第一法律事務所、ちくし法律事務所、佐賀駅前法律事務所、からたち法律事務所、原発なくそう！九州玄海訴訟 原告の会：「中央区の会」「いとしまの会」「しこふむ会」

原発なくそう！九州玄海訴訟 風船プロジェクト4
2013年 10月27日 レポート
発見場所マップ

No Nuke, Yes Life!

14時19分発射
風向きは東北東

⑤佐賀県江北町 2時間半後 43km
⑱熊本県阿蘇市 142km

● 第1弾 2012.12.8
● 第2弾 2013.4.14
● 第3弾 2013.7.28
● 第4弾 2013.10.27

＊必ずしも「風船＝全ての放射性物質」の飛び方ではありません。放射能はいかなる方向へも飛んでゆく可能性があります。

地上は東北東の風0〜2.7m／秒。風船は西南西方向に飛び立ち、その後玄海原発の方向に向かい、原発の上空辺りから南寄りへと旋回し始めて東寄りへと大きく進路を変え、東南東方面へ渡り鳥のように一団となって飛んでいきました。

	連絡日時	発見日時	連絡場所	原発からの距離(約)		連絡日時	発見日時	連絡場所	原発からの距離(約)
①	10/27 17:48	10/27 17:40	佐賀県杵島郡江北町大字佐留志字二本松	44km	㉑	10/30 21:05		熊本県菊池市	109km
②	10/27 17:48	10/27 17:43	佐賀県杵島郡大町町大字大町　杵島商業高校駐輪場	43km	㉒	10/31 10:50	10/31 10:00	熊本県山鹿市久原	99km
③	10/27 18:00	10/27 17:57	佐賀県杵島郡江北町上小田	43km	㉓	10/31 11:32	10/28 10:00	熊本県山鹿市熊入町西田	97km
④	10/28 18:16	10/27 17:30	佐賀県杵島郡大町町福母「ひじり之湯」付近	41km	㉔	10/31 12:30	10/31 10:00	熊本県鹿本町菊鹿町「あんずの丘」付近	102km
⑤	10/28 08:55	10/27 17:00	佐賀県杵島郡江北町上小田	43km	㉕	11/01 09:32	10/28 08:30	熊本県菊池市泗星　菊池霊園	109km
⑥	10/28 10:15	10/28 07:00	福岡県大牟田市田隈	78km	㉖	11/01 11:00	11/01 午前	熊本県山鹿市西牧	95km
⑦	10/28 10:35	10/28 05:00	熊本県山鹿市方保田	100km	㉗	11/01 14:40	11/01 午前	熊本県山鹿市鹿本町御宇田	100km
⑧	10/28 10:45	10/28 09:00	熊本県菊池市隈府　菊池南中テニスコート	108km	㉘	11/01 15:37	11/1 11:00頃	熊本県山鹿市鹿本町津袋	102km
⑨	10/28 00:55	10/28 09:00	熊本県阿蘇市　狩尾の原野	126km	㉙	11/02 14:10	10/29頃	熊本県北区植木町清水	102km
⑩	10/28 13:39	10/27 19:00	佐賀県武雄市北方町内村	37km	㉚	11/01 11:42		熊本県菊池市小木	106km
⑪	10/28 15:50	10/28 09:00	熊本県玉名郡和水町大屋	93km	㉛	11/01 14:29		熊本県	―
⑫	10/29 09:10	10/28 09:00	熊本県阿蘇一の宮町宮地　狩尾の山の中	126km	㉜	11/05 15:05	11/5 昼頃	熊本県菊池市赤星	109km
⑬	10/29 09:15	10/28 14:00	熊本県菊池市小木	106km	㉝	11/08 09:38	11/2	佐賀県唐津市名護屋小学校付近	2km
⑭	10/29 10:00	10/28 10:00	熊本県阿蘇市狩尾	126km	㉞	11/08 10:00	10/31 午前	熊本県山鹿市鹿央町岩原	99km
⑮	10/29 11:45	10/29 10:30	熊本県山鹿市鹿央町千田	97km	㉟	11/08 10:23	11月の初め	熊本県山鹿市鹿央町岩原	99km
⑯⑰	10/29 12:20	10/29 08:00	熊本県玉名郡和水町大田黒 10m間隔で2つ	87km	㊱	11/09 12:33	11/9 朝	佐賀県小城市芦刈町永田字弁財	50km
⑱	10/29 14:55	10/28 06:00	熊本県阿蘇市波野大字波野	142km	㊲	11/15 11:55	11/10 朝	熊本県菊池市藤田	111km
⑲⑳	10/29 17:20	10/29 16:00と17:00	熊本県山鹿市菊鹿町下内田　計2個	102km	㊳	11/16 09:43	11/16 09:43	熊本県玉名郡和水町豊永	89km
㉑	10/30 07:51	10/29夕方	佐賀県杵島郡江北町八町	45km	㊴	11/18 17:55	10月末の昼頃	福岡県みやま市高田町昭和開	75km
㉒	10/30 10:20	10/28 13:00	佐賀県杵島郡白石町大字福田	46km	㊵	11/27 12:55	11/27 12:20	熊本県山鹿市鹿本町来民	106km
㉓	10/30 12:21	10/30	熊本県阿蘇市一の宮町中通	134km	㊶	12/01 11:40	2〜3日前	熊本県山鹿市鹿本町来民	102km
㉔	10/30 13:40	10/28 09:30	熊本県玉名郡南関町	83km	㊷	12/04 13:00	12/04 13:00	熊本県菊池市　鞍岳山	109km
㉕	10/30 14:40	10/28 午前	福岡県みやま市高田町北新開	83km	㊸	12/24 12:16	1週間ほど前	熊本県山鹿市豊間	108km
㉖	10/30 11:12	10/28 午前	有明海(福岡県柳川市)	67km	㊹	1/9 16:40	1/1 昼頃	唐津市呼子町殿ノ浦　自宅の庭で発見	5km

第4弾協賛団体 山口内科クリニック、福岡の貝・ハンナ＆マイケル、宗像・福津・古賀・新宮地区母親大会実行委員会、新日本婦人の会佐賀県本部、手作り製本機「ブナぶな考房」、からたち法律事務所、筑豊合同法律事務所、ちくし法律事務所、福岡南法律事務所、新日本婦人の会福岡県本部、久留米第一法律事務所、北九州第一法律事務所、福岡第一法律事務所、ぴーすむうすふくおか、いとしま法律事務所、不知火合同法律事務所、山本社会保険労務士事務所ＩＢオフィス、熊本民主医療機関連合会、半田法律事務所、大橋法律事務所、霊山の森有志の会、弁護士法人奔流、佐賀中央法律事務所、佐賀駅前法律事務所、池永早苗、福岡県民主医療機関連合会、佐賀県医療生活協同組合、神野診療所、デイサービスやまもと、多久生協クリニック、原発なくそう！九州玄海訴訟　原告の会「中央区の会」

発行元 原発なくそう！九州玄海訴訟 風船プロジェクト実行委員会　佐賀中央法律事務所　Tel.0952(25)3121　Fax.0952(25)3123
ホームページhttp://genkai-balloonpro.jimdo.com/　facebook、twitterもあるよ！

風がおしえる未来予想図 脱原発・風船プロジェクト～私たちの挑戦◆目次

目次

はじめに　原発なくそう！九州玄海訴訟「風船プロジェクト」実行委員一同 …… 7

第1章　風船発見マップと風船プロジェクトでわかったこと　9

風船発見マップ …… 10

結果解説Q&A …… 14

第2章　原発ゼロの想いをのせて　25

「風船プロジェクト」起動！
原発なくそう！九州玄海訴訟「風船プロジェクト」実行委員会　プロジェクトリーダー　柳原憲文 …… 26

豚プロを結成　原発なくそう！九州玄海訴訟いとしまの会　中牟田享 …… 28

帰れない故郷を二度とつくらないために　原発なくそう！中央区の会　軽部定子 …… 30

風船の虜になりました　原発なくそう！九州玄海訴訟南区の会　真砂光和／岡藤れい子……33

そこにある「見えない危機」を見えるように
原発なくそう！九州玄海訴訟北九州地域原告団　事務局長　植山光朗……35

子どもたちのために、全廃炉まで、粘り強く
福岡県民主医療機関連合会・千鳥橋病院　医師　田村俊一郎……37

地域に根ざす女性たちのパワーで、原発即時ゼロ！
新日本婦人の会福岡県本部　西田真奈美……40

風プロバスツアー添乗員奮闘記　原発なくそう！九州玄海訴訟弁護団　弁護士　八木大和……42

第3章　風船プロジェクトに寄せる　45

社会のあり方が変わる、自分のあり方が変わる　作家　片山恭一……46

風船プロジェクトに参加して　九州LOVERS・福島原発事故被害者　木村ゆういち……48

日韓共催クルーズ「ピース＆グリーンボート」韓国の皆さんと風船プロジェクトに参加！
ピースボート共同代表　吉岡達也……50

目次

希望を空へ　日韓共催クルーズ「ピース＆グリーンボート」　円仏教　教務　金和然(キムファヨン) …… 52

風船は県境と国境を越えて　牧師　木村公一 …… 54

海底から命を拾い、青空に希望を託す　ハンナ＆マイケル　高柳英子 …… 56

かごしま「風船とばそう」プロジェクト
原発なくそう！九州川内訴訟かごしま「風船とばそう」プロジェクト　実行委員　井ノ上利恵 …… 58

岐阜の脱原発運動が獲得したものとしなかったもの　さよなら原発ぎふ　代表　石井伸弘 …… 60

第4章　未来につなげる　63

飛んできました！　驚きました！　発見した人の思い …… 64

ネットで風プロ発見、議会で取り上げ　兵庫県淡路市議会議員　鎌塚聡 …… 66

松山キャラバン＆九州電力と自治体への要請
原発なくそう！九州玄海訴訟弁護団　事務局次長　弁護士　近藤恭典 …… 68

佐賀県避難計画の実効性を問う！追及プロジェクト
原発なくそう！九州玄海訴訟弁護団　事務局次長　弁護士　稲村蓉子 …… 71

風船プロジェクト結果と福岡市原子力災害避難計画　福岡市議会議員　中山郁美 ……75

意見陳述書（2013年3月22日）

原発なくそう！九州玄海訴訟原告　「風船プロジェクト」実行委員　遠藤百合香 ……78

あとがき　原発なくそう！九州玄海訴訟弁護団　共同代表　弁護士　板井優 ……83

資　料 ……85

特別寄稿　論文「風船と放射性微粒子」　九州大学名誉教授　三好永作

同　伊藤久徳

はじめに

原発なくそう！九州玄海訴訟「風船プロジェクト」実行委員一同

　原発なくそう！九州玄海訴訟「風船プロジェクト」は２０１３年10月27日、真っ青な空と、緑の芝生に囲まれた波戸岬海のトリム海浜公園（佐賀県唐津市鎮西町）で、最後の風船500個を放天しファイナルを迎えました。

　「もしも玄海原発が再稼働され過酷事故が起こったら、目に見えない放射性物質はどのように、そしてどこまで飛散して、私たちに降り注いでくるのだろう？」

　そんな不安と疑問を胸に抱き、「原発なくそう！九州玄海訴訟」の原告・弁護士有志により始まったこのプロジェクトは、実行委員コアメンバー約10名、参加者延べ９５０名、協賛延べ108団体・個人、カンパその他、多大なるご支援を受け、訴訟団のみならず、反原発を掲げる団体・個人と一緒に、２０１２年12月、２０１３年４月、７月、10月の計４回の風船放天を実施し、終了いたしました。

　これもひとえにご支援いただいたみなさまのおかげです。心より御礼申し上げます。

　飛ばした風船（環境配慮型）の数は合計３５００個。九州北部・中部、中国、四国、関西へ飛行し、遠くは奈良県から発見情報が寄せられ、回を重ねるたびに風船発見マップのマークが増え、広がっていきました。そして季節を変えるごとに風船の流れも違った様相をみせることもわかりました。

必ずしも、風船の流れと放射性物質の流れが一致する訳ではないけれども、少なくとも玄海原発に事故が起こった場合、この風船が飛行した経路に放射性物質が降下する可能性があることは証明できたと思います。
そして、何よりこのプロジェクトの成果は、原発の無い世界を願う人々をつなぎ、絆を深めることができたこと。そして、脱原発の想いをのせて飛ばした風船により、想いの種が各地にまかれたことです。その種はすでに芽吹き始めており、今後も反原発のうねりに追い風となり続けてくれると信じています。

第1章
風船発見マップと
風船プロジェクトでわかったこと

第1弾から第4弾までの発見情報を地図と一覧表にまとめました。
このデータを、風船と放射性微粒子の飛行シミュレーションにより分析した三好永作、伊藤久徳・九州大学両名誉教授の論文「風船と放射性微粒子」(特別寄稿として本書に収録)をわかりやすくQ&Aにしました。

風船発見マップ

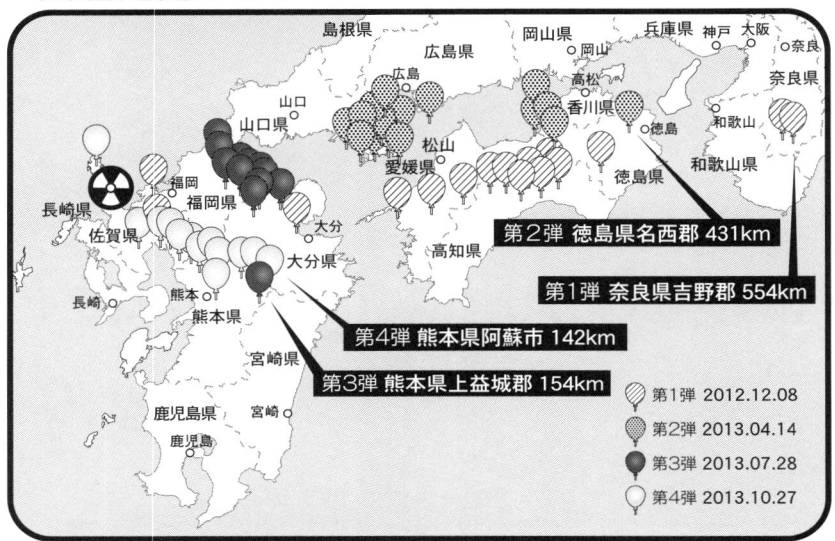

※黒いふきだしは、各回で発見された一番遠い場所

- 第1弾 奈良県吉野郡 554km
- 第2弾 徳島県名西郡 431km
- 第3弾 熊本県上益城郡 154km
- 第4弾 熊本県阿蘇市 142km

- 第1弾 2012.12.08
- 第2弾 2013.04.14
- 第3弾 2013.07.28
- 第4弾 2013.10.27

第1弾 発見情報

連絡日時	発見日時	連絡場所	原発からの距離(約)
① 12/08 17:30	12/08 16:20	福岡市西区周船寺	39km
② 12/09 08:24	不明	愛媛県西予市野村町大西	263km
③ 12/09 08:42	朝の散歩中	愛媛県八幡浜市穴井	238km
④ 12/09	12/08 21:00	徳島県那賀郡那賀町木頭西宇	403km
⑤ 12/10 09:40	12/08 16:30	高知市鴨部	340km
⑥ 12/10 17:00	12/10 09:00	高知県高岡郡日高村下分「錦山カントリークラブ」	328km
⑦ 12/10	12/09	佐賀市鍋島	48km
⑧ 12/11 13:00	12/10 朝	高知市介良 庭の花壇	350km
⑨ 12/11 13:00	12/10 12:00	高知市薊野北町 保育園	345km
⑩ 12/12 20:00	12/08 17:00	愛媛県の山の中	-
⑪ 12/15 16:00	12/15 14:00	奈良県吉野郡十津川村の川の岸辺	554km
⑫ 12/20 朝	不明	大分県別府市	156km
⑬ 01/09 朝	01/08	高知県高岡郡津野町大野	310km
⑭ 01/21 11:30	01/11	高知県土佐市永野	325km
⑮ 02/08 13:00	1/30 午前	高知県土佐市用石 イノシシ猟中	336km
⑯ 02/14 17:00	02/14 17:00	奈良県吉野郡十津川村谷瀬	554km

第2弾 発見情報

連絡日時	発見日時	連絡場所	原発からの距離(約)
①4/15 09:20	4/14 17:45	山口県光市 自宅の庭で拾った	201km
②4/15 10:00	4/15 09:30	山口県柳井市柳井大屋 自宅の庭で	217km
③4/15 13:20	4/14 17:00	山口県熊毛郡田布施町波野 自宅の庭で	210km
④4/15 14:50	4/15 10:00	広島県江田島市江田島町江南	256km
⑤4/15 15:10	4/14 23:30	山口県岩国市周東町上久原 自宅の車庫で	215km
⑥4/15 21:14	4/15 10:00	香川県三豊市高瀬町比地中 自宅近くの田んぼ	365km
⑦4/16 13:20	4/15 夕方	徳島県名西郡石井町 石井小学校前	431km
⑧4/16 15:00	4/16 13:00	山口県柳井市日積 畑で拾った	221km
⑨4/18 9:20	4/18 8:10	香川県仲多度郡多度津町西港町 今治造船丸亀工場	370km
⑩4/19 11:58	4/17 16:30	山口県大島郡周防大島町 親戚の墓の花にひっかかる	223km
⑪4/19 13:00	4/17頃	山口県熊毛郡平生町 ウォーキング中、田んぼの中	212km
⑫4/22 9:50	4/20 8:00	山口県岩国市周東町祖生 山の中	220km
⑬4/24 18:15	不明	徳島県美馬郡つるぎ町一宇 黒笠山	388km
⑭4/27 15:43	4/27 昼過ぎ	愛媛県松山市睦月 睦月島	266km
⑮5/ 8 12:30	5/4	徳島県三好市(旧東祖谷山村)の山中	366km
⑯5/ 8 16:00	5/8	山口県下松市笠戸嶋尾郷	193km
⑰5/8 10:55	5/4	広島県豊田郡大崎上島町中野 ミカン畑	293km
⑱6/28 19:52	不明	徳島県	−

第3弾 発見情報

連絡日時	発見日時	連絡場所	原発からの距離(約)
①7/29 9:10	7/29 8:30	福岡県豊前市大字川内	120km
②7/29 9:00	7/28 21:00	福岡県築上郡築上町大字本庄	106km
③7/29 9:25	7/28 19:00	大分県中津市三光西秣	126km
④7/29 9:30	7/28 19:00	福岡県中間市岩瀬西町	88km
⑤7/29 14:30	7/29 8:00	熊本県上益城郡山都町花上	154km
⑥7/29 16:50	7/28 17:00	大分県中津市耶馬溪町	124km
⑦7/29 18:00	7/29 6:00	福岡県築上郡上毛町東下	122km
⑧7/30 10:20	7/30 9:00	大分県宇佐市下矢部	141km
⑨7/31 12:05	7/29 6:30	福岡県直方市溝堀	86km
⑩7/31 14:30	7/31 10:00	福岡県築上郡上毛町	110km
⑪7/31 17:50	7/28 18:00	大分県中津市三光付近の山国川沿い堤防	130km
⑫7/31 18:03	7/31 18:00	大分県宇佐市南宇佐	142km
⑬8/01 9:00	8/01 9:00	福岡県鞍手郡小竹町	84km
⑭8/01 9:29	7/31 17:30	福岡県京都郡みやこ町犀川上伊良原	103km
⑮8/01 9:30	7/29 5:30	福岡県田川市伊加利城山町	93km
⑯8/01 21:44		福岡県豊前市	120km
⑰8/05 9:48	8/03	福岡県豊前市大河内	115km
⑱8/06 9:45	8/06 5:00	大分県中津市三光小袋	126km
⑲7/30頃	8/07 14:00	福岡県豊前市三毛門	123km
⑳1/18 17:57	1/18	福岡県豊前市大字川内の山林	117km

第4弾 発見情報

連絡日時	発見日時	連絡場所	原発からの距離(約)
①10/27 17:48	10/27 17:40	佐賀県杵島郡江北町大字佐留志字二本松	44km
②10/27 17:48	10/27 17:43	佐賀県杵島郡大町町大字大町 杵島商業高校駐輪場	43km
③10/27 18:00	10/27 17:57	佐賀県杵島郡江北町上小田	43km
④10/27 18:16	10/27 17:30	佐賀県杵島郡大町町福母 「ひじり之湯」付近	41km
⑤10/28 08:55	10/27 17:00	佐賀県杵島郡江北町上小田	43km
⑥10/28 10:15	10/28 07:00	福岡県大牟田市田隈	78km
⑦10/28 10:35	10/28 05:00	熊本県山鹿市方保田	100km
⑧10/28 10:45	10/28 10:00	熊本県菊池市隈府 菊池南中テニスコート	108km
⑨10/28 00:55	10/28 09:00	熊本県阿蘇市 狩尾の原野	126km
⑩10/28 13:39	10/27 19:00	佐賀県武雄市北方町大崎	37km
⑪10/28 15:50	10/28 09:00	熊本県玉名郡和水町大屋	93km
⑫10/29 09:10	10/28 09:00	熊本県阿蘇市一の宮町宮地 狩尾の山の中	135km
⑬10/29 09:15	10/28 14:00	熊本県菊池市小木	106km
⑭10/29 10:00	10/28 10:00	熊本県阿蘇市狩尾	126km
⑮10/29 11:45	10/29 10:30	熊本県鹿央町千田	97km
⑯⑰10/29 12:20	10/29 08:00	熊本県玉名郡和水町大田黒 10m間隔で2つ	87km
⑱10/29 14:55	10/28 06:00	熊本県阿蘇市波野大字波野	142km
⑲⑳10/29 17:20	10/29 16:00と17:00	熊本県山鹿市菊鹿町下内田 計2個	102km
㉑10/30 07:51	10/29夕方	佐賀県杵島郡江北町八町	45km
㉒10/30 10:20	10/28 13:00	佐賀県杵島郡白石町大字福田	46km
㉓10/30 13:10	10/30 朝	熊本県阿蘇市一の宮町中通	134km
㉔10/30 13:40	10/30 09:30	熊本県玉名郡南関町	83km
㉕10/30 14:40	10/28 08:00	福岡県みやま市高田町北新開	83km
㉖10/28 11:12	10/28 午前	有明海(福岡県柳川市)	67km
㉗10/30 21:05		熊本県菊池市	109km
㉘10/31 10:50	10/31 10:00	熊本県山鹿市久原	99km
㉙10/31 11:32	10/28 10:00	熊本県山鹿市熊入町西田	97km
㉚10/31 12:30	10/31 10:00	熊本県山鹿市菊鹿町「あんずの丘」付近	102km
㉛11/01 09:32	10/28 08:30	熊本県菊池市赤星 菊池霊園	109km
㉜11/01 11:00	11/01 午前	熊本県山鹿市西牧	95km
㉝11/01 14:40	11/01 午前	熊本県山鹿市鹿本町御宇田	100km
㉞11/01 15:37	11/1 11:00頃	熊本県山鹿市鹿本町津袋	102km
㉟11/02 14:10	10/29頃	熊本市北区植木町清水	102km
㊱11/01 11:42		熊本県菊池市小木	106km
㊲11/01 14:29		熊本県	―
㊳11/05 15:05	11/5 昼頃	熊本県菊池市赤星	109km
㊴11/08 09:38	11/2	佐賀県唐津市立名護屋小学校付近	2km
㊵11/08 10:00	10/31 午前	熊本県山鹿市鹿央町岩原	99km
㊶11/08 10:23	11月の初め	熊本県山鹿市鹿央町岩原	99km
㊷11/09 12:33	11/9 朝	佐賀県小城市芦刈町永田字弁財	50km
㊸11/15 11:55	11/10 朝	熊本県菊池市藤田	111km
㊹11/16 09:43	11/16 09:43	熊本県玉名郡南関町豊永	89km
㊺11/18 17:55	10月末の昼頃	福岡県みやま市高田町昭和開	75km
㊻11/27 12:55	11/27 12:20	熊本県菊池市小木	106km
㊼12/02 11:40	2~3日前	熊本県山鹿市鹿本町来民	102km
㊽12/04 13:00	12/04 13:00	鞍岳山	109km
㊾12/24 12:16	1週間ほど前	熊本県菊池市豊間	108km
㊿1/9 16:40	1/1 昼頃	唐津市呼子町殿ノ浦 自宅の庭で発見	5km

13　第1章　風船発見マップと風船プロジェクトでわかったこと

結果解説 Q&A

Q 風船プロジェクト4回の結果、風船はどう飛んだの?

まず、第1弾〜第4弾の結果(風船発見マップ参照)について、飛行シミュレーションの結果(特別寄稿論文掲載の図参照)をまじえて、みてみましょう。飛行シミュレーションでは、原発事故によって、放射性物質が高度500メートル、3000メートルに噴き上げられた2つのケースを想定しています。

第1弾・冬 強い偏西風の影響

風船プロジェクト第1回(2012年12月8日午後2時リリース)では、ゴム風船(100%生分解性の天然ゴム素材)を飛ばしました。約2時間30分後には玄海原発から340キロ離れた高知市で、7時間後には徳島県那賀町で落ちているのが発見されました。一番遠くは、554キロ離れた奈良県まで、風船の発見場所は、東へ向かってほぼ一直線で並んでいます。高知市で発見された風船は、落ちてすぐに発見されたとすると、平均時速136キロのスピードで進んだことになります。

この日、日本列島は典型的な冬の偏西風に覆われていました。上空にジェット気流があり、高度3000メートルでは秒速約40メートル

■飛行シミュレーションとは

　ある時刻に、ある場所から、1個の粒子を放出した場合、時々刻々と変わる三次元の風のデータを基にして、風によってどのように運ばれる(移流する)かコンピュータを用いて模擬的に計算することを飛行シミュレーションといいます。

　福島の事故では、3号機の爆発(2011年3月14日)によって、放射性微粒子を含む粉じんが約500メートルの高さまで達したとされています。チェルノブイリ事故の最初の爆発(1986年4月26日)では、2000〜5000メートルまで噴き上げられたとされています。

　そこで、今回、福島と同じ程度の爆発規模、チェルノブイリと同じ程度の爆発規模の事故を想定し、初期高度500メートルと3000メートルで放射性微粒子を放出したケースと、風船を飛ばしたケースを飛行シミュレーションしました。

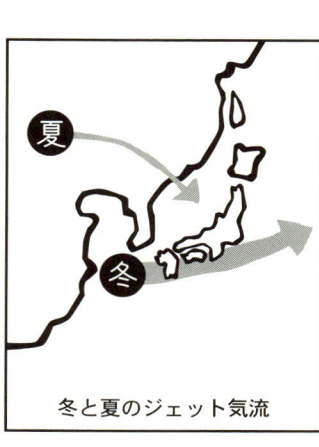

冬と夏のジェット気流

（時速144キロ）、5000メートルで秒速50メートル（時速180キロ）、8000メートルでは秒速80メートル（時速288キロ）以上の西風がありました。

飛行シミュレーションの結果、風船の水平方向の動きは、実際の発見場所や、高知市での発見時刻と整合性があります。風船は、1時間後には高度2500メートル、2時間後には約6000メートルに上昇しており、上空の強い西風に乗ったといえます。ゴム風船は、秒速0.8メートルで上昇を続け、3時間30分後に高度1万メートルに達し、その前のどこかで破裂して地上に落ちてくると考えられます。

直径2ミクロンの放射性微粒子（密度2g/cm³）は、上昇気流や下降気流がなければ、1時間で約1メートル落下し、6時間後でも初期高度にとどまっています。

放射性微粒子は、初期高度500メートルのケースでは、6時間後でも九州上空にあります。一方、風船は3時間後には紀伊半島に達します。この日、低空の風と高層の風は、風向きは同じでも、風速が違ったからです。

初期高度3000メートルのケースでは、水平方向の飛行軌跡は、九州内では風船とほぼ重なりました。高度3000メートルより上空ではいずれも比較的強い西風が吹いており、風船が乗った風に近いためです。

第2弾・春 偏西風の強さは冬の約半分

第2回（2013年4月14日午後2時リリース）の時は、エコロヴィー風船（生分解性プラスチック素材）を飛ばしました。約3時間後には、玄海原発から210キロ離れた山口県田布施町で発見されました。370キロ離れた香川県、430キロ離れた徳島県など、瀬戸内海の中国、四国沿岸で発見されています。

この日、現地は、地上の風は南南西から南の風、秒速3〜7メートル、時おり秒速10メートルを超える強風が吹いていました。上空の偏西風は、風速は冬の約半分、西風といっても、南北方向の風の影響が出ています。

飛行シミュレーションでは、風船は東へ進みながら最初、北寄りに動き、だんだん南北方向の影響がなくなり真東へコースを変えます。その後、2時間後に瀬戸内海に出たあたりから、南に動きながら東へ流れています。2時間半後には、高度5000メートルに上昇していて、高度5000〜6000メートルの北風に乗ったためだと考えられます。

放射性微粒子（初期高度500メートル）と比べると、水平方向の飛行軌跡は2時間後まではかなり似ています。その後、放射性微粒子はそのまま北東方向のコースで進んでいます。これは、風船を運んだ高層の風とちがって、500メートル付近の低空では、秒速10メートルの南からの風があったのが原因です。

初期高度3000メートルの放射性微粒子と、風船の水平方向の飛行軌跡はほぼ重なっています。3000メートル以上の上空の風がほぼ同じだったからです。

第3弾・夏　低層と高層の風で大きな違い

第3回は、2013年7月28日（午後2時38分リリース）、風船はエコロヴィー風船でした。風船が発見された場所は、九州北部の東側（福岡県から大分県にかけての東側）と九州中部の熊本県と宮崎県の県境付近という結果でした。

飛行シミュレーションの結果、風船の飛行軌跡は福岡県豊前市や大分県中津市の上空を通っています。1時間後には2000メートルにまで上昇した風船は、西風に乗って東の方向に流れています。

放射性微粒子（初期高度500メートル）は、南西からの風に乗り、北東の方向に進んでいます。

第1回、第2回とは違って、初期高度500メートルの放射性微粒子と風船の飛行軌跡は異なる結果になりました。6時間後には、放射性微粒子は山口県萩市沖の日本海上空にあり、風船は大分県の佐賀関半島の約8キロの上空にあります。

一方、初期高度3000メートルの放射性微粒子の飛行軌跡の水平位置は、風船とほぼ重なっています。これは、低空の南西の風の影響を受けず、3000～6000メートル付近では風向き・風速に違いがあまりなかったからです。

第4弾・秋　地上でほぼ無風のケースでは？

第4回は、2013年10月27日（午後2時19分リリース）、紙製の風船を飛ばしました。この日の地上の風は、秒速0〜2・7メートル。風を感じないか、強いときでも、木の葉が動いたりする程度の穏やかな風の一日でした。しかし、上空では、風の向きも強さも地上とは大きく異なっていました。

飛行シミュレーションの結果、風船はほぼ垂直に上昇し、はじめは北西の風に影響されて佐賀県南部を通過し、さらに高度を上げると西から東への風の影響を受けてほぼ東の方に流れて、6時間後には、阿蘇山の上空まで流されています。実際の発見情報の多くが佐賀県や熊本県からのものであったことと一致しています。

一方、初期高度500メートルの放射性微粒子の水平位置は、風がないため、ほぼそこにとどまったままです。

初期高度3000メートルの放射性微粒子では、飛行軌跡の水平位置は、5時間後まで風船とほぼ重なりました。その後は、風船がさらに上昇して西風の影響を強く受けるのに比べて、放射性微粒子は、落下するにつれて西風の影響が弱くなり、北からの風に乗って南の方向に流されていきます。

■日本列島上空の風の特徴

　日本上空の風は、季節によってよく吹いている風や、よく起きる気圧配置があり、特徴があります。
　日本が位置する中緯度帯の高層の空では地球を一周する偏西風が南北に蛇行しながら常時吹いています。この偏西風という西風は、高度が高い層になるほど強くなります。対流圏（高度0キロメートル〜約11キロメートル）の一番上層で風速が最大になり、冬には秒速100メートルに達することがあります。風の強さは、冬に強く、夏には弱くなります。
　高度3000メートル以上になると偏西風の影響を受けた強い風が吹いています。
　これに比べて、地表近くでは、天気予報で使われる「やや強い風」（樹木の大枝を動かす風）は、秒速10〜15メートルですので、上空の偏西風ほど風が強くないことがわかります。

Q 風船はどうやって飛んでいくの?

イベントや式典で風船を飛ばすときのように、風船プロジェクトでも、ヘリウムガスを風船に充てんして飛ばしました。ヘリウムガスは空気よりも軽いため、風船は浮力を得て上昇します。浮力が一定だと、風船が上昇するスピードはほぼ一定だとされています。

風船は上昇しながら、その時々の風に乗って運ばれていくので、「風任せ」です。飛び始めは、地上近くの風に左右され、上昇するにつれ、地上500メートル、地上1000メートル、地上2000メートル、地上3000メートル…と、上昇した高度の風に左右されることになります。

ゴム風船の場合、伸縮性がかなりあるので、上昇するにつれふくらんでいきます。高さ約1万メートルに達すると、風船の体積は約4倍になる計算です。ここまでふくらむゴム風船はあまりありません。風船はどんなに高くても1万メートルに到達することはなく、その前に割れてしまい、地表に落ちてくると考えられています。

ただし、結んだところからガスがもれれば、浮力を徐々に失っていき、やがて地表に落ちてきます。

■風船の素材によって、違いあり

風船の上昇速度や到達できる高度には、風船のかたちや材質によって違いがあります。

エコロヴィー風船はゴムほど伸縮せず、紙風船はほとんど伸縮性がありません。風船プロジェクトの実測結果、飛行シミュレーション結果では、以下のようになります。

	上昇速度	6時間後の到達高度
ゴム風船	秒速0.8メートル	1万7000メートル
エコロヴィー風船	秒速0.7メートル	約8000メートル
紙風船	秒速0.5メートル	約5000メートル

【注】ゴム風船以外の上昇速度は、一定ではなく、地表付近の上昇速度を示しています。また、到達高度については、ゴム風船は実際にはこれ以前に破裂してここまで到達することはありません。

Q 放射性微粒子は、どこまで広がるの？

玄海原発でかりに福島第一原発と同じような重大事故が起きた時、大気中に放出された放射性物質は、どのように運ばれ、どのように拡散するか、多くの人が関心を持ち、心配していると思います。

福島の事故では3年を経過した今も、避難指示地域は10市町村約8万人にのぼり、除染が終わったとされているのは福島県田村市など一部にとどまっています。放射性物質がひとたび環境中に放出されれば、その影響は甚大で、長期に渡ります。

福島の事故では、3号機の爆発（2011年3月14日）によって、放射性微粒子を含む粉じんが約500メートルの高さまで達したとされています。チェルノブイリ事故の最初の爆発（1986年4月26日）では、2000〜5000メートルまで噴き上げられたとされています。私たちは、さまざま事故を想定して備えることはできても、あらかじめどのような事故になるか、爆発を伴うか伴わないか予言することはできません。

環境中に放出された放射性物質が大気とともに雲のような状態で移動するものを、放射性プルームと呼んでいます。この放射性プル

■ 放射性微粒子は1000メートル落下するのに1カ月半かかる

上昇気流や下降気流がなければ、直径2ミクロンの粒子（密度2g/cm³）は、1時間に86センチしか落下しません。高度1000メートルに達した放射性微粒子は、地上に落ちてくるのに1カ月半以上かかります。ほとんど落下しないため、周りの大気とともに流され、地球をぐるぐる回るわけです。これは、福島の事故で実際に起きたことです。

第1章　風船発見マップと風船プロジェクトでわかったこと

ームの中には、気体状のもの（放射性希ガス）や小さい粒子状の放射性物質（放射性微粒子）があり、これらは周りの大気といっしょに移動します。放射性セシウムの粒子の直径は2ミクロン程度とされています。1ミクロンは1000分の1ミリメートルのことです。

最近では天気予報のようにPM2・5予報があります。このPM2・5というのは、直径2・5ミクロンの粒子状物質（大気汚染物質の一つ）です。目に見えないけれど、放射性微粒子はだいたいPM2・5と同じくらいのサイズだと思ってください。

では、放射性微粒子は、どのように広がるのでしょうか。大きくいって、次の2つが関係しています。

（1）風によって流される（移流）
（2）煙が空気中に広がるときのように、風が揺らいだり乱れたりした流れによる拡散（乱流拡散）

つまり、風に流されながら、乱流によって広く拡散されます。

もちろん、放射性微粒子は水平方向に運ばれるだけでなく、上昇気流や下降気流など上下方向の大気の動きに乗って、上下方向（垂直方向）にも運ばれます。

そして、大気中の放射性微粒子が雨などに遭遇すれば、いっしょに地面へ降り注ぎます。

■風船の落下地点が意味するもの…

　放射性微粒子の地面への落ち方は、2通りあります。

　一つは、落下速度は非常に遅いのですが、やがて落下したり、下降気流で地表近くに運ばれ、地面に落ちるのを「乾性沈着」と呼びます。

　もう一つは、大気中の放射性微粒子が、雨や雪によって、いっしょに地表に降り注ぐことで、「湿性沈着」と呼びます。地表に一気に落ちてくるので、私たちの生活に直接大きな影響が出ます。チェルノブイリでも福島でも、高濃度に汚染された地域は、湿性沈着によってつくられたことが知られています。

　風船が落下しているのが発見された場所というのは、雨などが降って、いっしょに地面に降り注いだ放射性微粒子に対応していると考えられます。

Q 風船の飛び方と放射性物質の飛び方は同じなの？

4回の風船プロジェクトの風船の軌跡と初期高度500メートル、3000メートルの放射性微粒子（粒径2ミクロン、密度2g/cm³）の軌跡を飛行シミュレーションによって比較して、明らかになったことをまとめてみましょう。

（1）実際の風船の発見場所と飛行シミュレーションの水平の飛行軌跡が大変良く一致していたので、今回の飛行シミュレーションが精度の高いものだとわかりました。

（2）風船と放射性微粒子の上下方向の動きは、かなり異なっていることです。風船は、上昇気流のような上下方向の風の動きがなくても、中に入っているヘリウムガスが軽いため上昇し、数時間のうちに高さ3000～1万メートルの高層に達します。一方、放射性微粒子は、上下方向の大気の動きの影響がなければ、非常にゆっくりと落ちるので、6時間後でも、ほぼ同じ高度に位置しています。

（3）風船と放射性微粒子の動きは、水平方向では、多くの場合、似た飛行軌跡になりました。とくに、初期高度3000メートルの放射性微粒子の飛行軌跡は、4回すべての飛行シミュレーションで風船の飛行軌跡とよく似た結果になりました。それは、放射性微粒子の高度が高いために、風船と放射性微粒子に影響をあたえる風が似通っているためです。

■もっとも強く汚染されるのは、原子力発電所近く

　忘れてはいけないのは、たとえ爆発によって数百メートルから、数千メートル上空に放射性微粒子が噴き上げられ、それが地球規模の広範囲に拡散するとしても、原発事故によってもっとも強く放射能に汚染されるのは原子力発電所近くだということです。

　30キロ圏内の自治体には、原子力災害対策特別措置法に基づき避難計画の策定が義務付けられたように、原発周辺の危険については政府も否定できません。避難計画の問題点については、第4章もぜひお読みください。

（4）初期高度500メートルの放射性微粒子の水平方向の飛行軌跡は、第1回、第2回では風船と似た結果となり、第3回、第4回ではかなり異なっていました。

以上から言えることは、原発事故の爆発威力が増せば増すほど、その時に放出される放射性微粒子の飛行軌跡は、風船の飛行軌跡と似た振る舞いをすることです。

注意が必要なのは、飛行シミュレーションでは飛行軌跡という線で表されますが、実際の放射性微粒子は、乱流拡散によっても広がることです。幅をもたせたものとして考えると、放射性微粒子と風船の飛行軌跡は、飛行シミュレーションの水平方向の飛行軌跡は、例外的な場合を除いて、おおむね重なる結果になったといえます。

Q 風船と放射性微粒子の最大の違いは？

第3回、第4回の初期高度500メートルの場合を除いて、風船と放射性物質の水平方向の飛行軌跡はほぼ重なり合いました。飛行シミュレーションによる解析結果は、「風船の落下した地点にまで放射性微粒子が降りてくる可能性があります」ということを明確にしました。

風船は拾われれば環境から除去されますが、放射性物質は違います。

地上に降り積もった放射性微粒子は、自然環境や生活環境中にとどまり続け、晴れて乾燥した日や風が強い日などには、再び大気中に浮遊し、風などに乗って拡散します。雨によって流され、川や水路によって運ばれます。ときには集まり濃縮され、ホットスポットが形成されることがあります。また、その有害性は、セシウム137なら半減期は約30年と長く、何十年以上も続きます。

原発を運転させると、100万キロワットの原発で1年間に1トンの核分裂生成物（放射性物質）を生み出します。広島原爆の作り出した核分裂生成物（800グラム）の1200倍以上です。福島原発の事故で大気中に放出された放射性物質の量は、セシウム137で比べると、広島原爆168発分にのぼるといわれています。福島原発事故を受けた新指針では、過酷事故を想定した対策を講じなければいけなくなりました。もはや、原発を操業する限り、福島のような過酷事故が起きることを想定しているのです。

放射性物質はどこまで広がるのか。避難はできるのか。風船プロジェクトの結果と、飛行シミュレーションによる解析結果を生かして、原発事故により放射能に汚染された未来ではなく、原発ゼロの社会が実現した未来を描いてほしいと思っています。

第2章
原発ゼロの想いをのせて

私たちは「風船プロジェクト」を原告どうしや想いを共有するさまざまなグループが交流し、つながりを深める場として位置付けてきました。各地域、グループのエピソードをご紹介します。

「風船プロジェクト」起動！

原発なくそう！九州玄海訴訟「風船プロジェクト」実行委員会　プロジェクトリーダー　柳原憲文

2012年7月、私が住む福岡県糸島市の「原発なくそう！九州玄海訴訟」原告の会で、「玄海原発の近くから風船を飛ばす」ことを提案した。「風船プロジェクト」が起動した瞬間だった。

この取り組みは、原子力規制委員会が放射性物質拡散予測データを作成する際、入力ミスによる再三にわたる訂正を繰り返すなど信用性が全くないという現状を憂いて、私たちが実際に風船を飛ばして飛散予測をしてみようと始まった。

万が一、玄海原発に過酷事故が発生した時どうなるのか。家は？　家族は？　「3・11」後のフクシマ、ドイツ映画「みえない雲」と同じ光景が頭をよぎった。

ちょうど「さよなら原発ぎふ」が「原発からの風船風向き調査応援プロジェクト」を実施しているとの情報があった。応募資格は「原発の被害を受けると思われるすべての地域」、助成対象は「先着4名。あと2者OKです」「資金援助、上限5万円」とのこと。迷わず手を上げ、光栄にも選定された。10月末には助成金をいただいた。これ以降プロジェクトは急ピッチで進むこととなる。しかし、告知は？　財政は？　どこから飛ばす？　参加者集めは？　考え始めると様々な課題が浮かび上がる。

2012年9月の「九州玄海訴訟」第2回期日で、急造した小さなチラシ「佐賀・玄海から風船を飛ばそう！」を配布。この時点で「12月8日実施」と宣言。今思えばよく準備できたものだと感心す

る。

メーリングリスト開設後「さよなら原発ぎふ」からアドバイスが届いた。風船のこと、風船に取り付けるカードのこと……。最強の「バイブル」となった。

11月、現地唐津在住の原告の方といっしょに下見した。実際に現地を見るとイメージが湧くものの、課題も浮かび上がる。目の前は国道、外津（ほかわづ）橋には近づかないようにする、1000個の風船の保管方法は？　そして何よりの心配は「当日の天候」。雨露をしのぐ場所がない。

その後2回の実行委員会を経て、いよいよ第1弾実施前日。この日は雨が降っていた。翌日の天気予報もあまりよさそうではないが、雨のマークは出ていない。「雨天決行」──メールが手分けして送信されたが……。まさに祈るような気持ち。

12月8日──実施当日。心配された天気だったが、時折晴れ間も。

「われわれはツキを持っているかも」

午後2時、1000個の風船は約150名の参加者の手を離れ旅立った。風船プロジェクト全4回の始まりでもあった。

このプロジェクトは多くのみなさんに支えられた。全4回の取り組みに参加していただいたすべてのみなさん、「カンパ」を寄せていただいたみなさん、参加はできないがメッセージを寄せていただいたみなさん、そして実行委員のみなさん……、誰か一人が欠けても成立しな

かったプロジェクト。

私たちのメッセージは、「原発なくそう！」の思いが詰まった風船を発見した方に届いたものと信じている。

「風船プロジェクト」は終了したが、私たちの取り組みはこれからも続くであろう。

豚プロを結成

原発なくそう！九州玄海訴訟 いとしまの会　中牟田享

まず最初に、私は「いとしまの会」の女性の方々に、お礼を述べたいと思います。本当に感謝しています。私が「風船プロジェクト」に自信を持って参加できたのは、彼女たちの後押しがあったからです。

第1回目の「風船プロジェクト」の準備で、私たちは現地の視察に行きました。その日は曇りで非常に風が強く、寒かったことを覚えています。その時「こんな所に、2時間も耐えられないよね。まして子どもたちは余計に可哀相だよね」という意見ができました。「少しでも温かいものが欲しい」という発想から「豚汁の店を出そう」と意見がまとまり、豚汁プロジェクトが誕生しました。通称「豚プロ」です。豚プロは、急病人が出た場合、救護に協力してほしいと近隣の家に頼みに行ったりもしました。

2012年12月8日の当日は近くの公民館で、豚汁とおにぎりを作り、会場まで運びました。豚汁100円、おにぎり50円、コーヒー100円で販売したところ、参加された方々に好評で、完売しました。このことが私たちの絆を一層強めたように思います。

私の記憶に一番残っているのは、第3回目の時でした。それは2013年7月28日で、その夏は熱中症が各地で発生していました。飛ばす場所は第2弾までの外津橋たもとの道路脇広場から、波戸岬海浜公園に変更になり、ひとまず交通事故の心配はなくなりましたが、熱中症は心配でした。そこで地元の市役所と消防署へ足を運び、救急車の手配のお願いに行きました。それと出店も、豚汁から「かき氷」に変更しました。

4回目の時は、他の地区の会の方々も、いろいろな店を出され、お互い協力しあったことが印象的でした。

もう一つ、私の心に

豚汁とコーヒー、おにぎりを販売するいとしまの会

第3弾はかき氷を販売しました

帰れない故郷を二度とつくらないために

原発なくそう！中央区の会　軽部定子

2011年3月11日、とても良い天気の中、友だちと大濠公園で遊び、何も知らずに帰宅しました。留守電の点滅ランプに気付き再生ボタンを押し、東京で暮らす夫の母親からのメッセージで震災が起きたのを知りました。すぐにテレビをつけると津波のシーンが流れています。

私は高校時代まで福島県いわき市四倉町の漁師町で暮らしていました。今でも海のすぐそばに祖母と母が暮らしています。私は慌てて実家に電話をしました。つながるはずはありません。それでも、何度も何度も電話をかけ続けました。ようやく深夜になって祖母と母の安否確認ができました。実家は津波の被害を免れ残ったことは、佐賀地裁の「九州玄海訴訟」の口頭弁論のたびに皆さんが風船プロジェクトに対し、多額の資金カンパをしていただいたことです。本当に感謝の気持ちでいっぱいになりました。

私たちは、風船を飛ばすことにより、客観的な一つの「武器」を持ったことは間違いないでしょう。政府や自治体が避難区域や、避難計画を発表しても、私たちには到底受け入れることができないでしょう。なぜなら、私たちは風船がどこまで飛んでいったか知っているからです。改めて原発の過酷事故に対して、もっと多くの人びとに真剣に考えてほしいと思います。

私たちの時代に原発をなくし、世界中の人びとの子や孫の、明るい未来のために。

第2章　原発ゼロの想いをのせて

波に流されてしまいましたが、2人とも生きていたことに安心していたところ、原発事故発生のニュースです。どうしてこんなことになってしまったのか。いわきでは、身近に原発があって、多くの人たちが原発で働いていました。子どもの頃から原発は安全だと聞かされて育ってきました。それなのに、原発が爆発し故郷を汚染しています。心が痛みました。津波は、自然の力だからあきらめもつきますが、原発事故はそうではありません。故郷が汚染され続けているのに、遠く離れた九州から何もできずに、時間が過ぎていきました。

そんな中、「原発なくそう！九州玄海訴訟」を知り、原告団に加入し、風船プロジェクトにも参加しました。

第1回目の風船プロジェクトは、1000個の風船が空に飛んで行く様子があまりに美しく、美味しい豚汁を食べたりして楽しかったのを覚えています。

第2回から4回は、中央区の会として、季節に合わせたパンやお菓子などを作って販売する活動をしました。子育て中の私にはできることが限られますが、それでも大好き

な料理やお菓子作りを通じて脱原発の思いを届けたいと思い、地域のママ友たちと公民館でパンやお菓子を作りました。

風船プロジェクトの1年間を通し、自分ができる形で参加できたことが、とても楽しく、良い経験になっています。玄海訴訟、風船プロジェクトに出会わなければ、何ができていたでしょうか。

小さい頃から見ていた福島第二原発の建物、この事故が起こるまで、危機感を感じることもなく過ごしていました。青空の中に飛んで行った風船が、数時間の間に様々な所に飛んで落ちた結果を知ると、3月12日の風向きが南を向いていたら、いわき市はどうなっていたことだろうと、決して他人事には思えません。風船プロジェクトは、放射性物質が飛ぶ速さ、範囲の広さを私たち市民が実感できる活動だったのではないでしょうか。

このような取り組みが、事故が起きた福島ではなく、遠い九州の地で盛んに行われていることに驚きました。福島では表立った運動が見えにくく、福島と九州の温度差を感じました。

ただ、2013年の夏、いわき市の実家に帰った際、福島第一第二原発の廃止を求める署名運動が行われていました。福島の人たちも少しずつ変わっています。

帰りたいのに帰れない故郷を二度とつくらないために、もう原発はいりません。

風船の虜になりました

原発なくそう！九州玄海訴訟南区の会　真砂光和

南区の会は、風船プロジェクト第4弾（ファイナル）で、手作り牛丼の店を出店しました。バスで参加していた3人が、ファイナルでは意を決して、店を切り盛りしての大活躍！　お疲れさまでした。風船プロジェクトは、おとなも子どもも笑顔があふれました。私も風船の虜になった1年でした。ツイッターで告知すると、風船メッセージを寄せてくださる方も。私が書いたメッセージも拾っていただきました。友人が「風船ふくらまし隊」に参加して大活躍。四国、関西の友人は、風船の落下プロットを見て、即原告に！「見える化」の説得力ですね。

南区の会は、福岡南法律事務所を拠点に、原発ゼロの会とコラボで、九州大学筑紫キャンパスの「風レンズ風車」や「八丁原地熱発電所」の実地見学などもしています。風船プロジェクトの経験も交流して、「原発なくそう！」のつながりをさらに広げていきたいですね。

同　岡藤れい子

第6回口頭弁論の後の「南区原発ゼロの会」で「炊き出しを南区でやってほしい。主メニューで50食くらい必要」と糸島の方から要請があったとのこと。女性は、安部光子さんと私しかいない。私

手作り牛丼を販売する南区の会

が頼りにできる鶴敏子さん（元病院の栄養士）が引き受けてくださればなんとかなるかな、と取り組むことにしました。

三人寄れば何とやら。

まずメニューを牛丼に決定し、調理場所は、元大家族で大テーブルのある我が家にしました。大鍋、ガス台は「九条の会」より各2組借り出し成功！

そして一番の問題は炊飯です。今時は5合の炊飯器しかなく、それだと7台が必要。使っていないのを2台借りて、近くの4人の方に炊飯を依頼し、4〜5時間温かく保つために生協の配達ケースを使用し、工夫してご飯を入れ、新聞紙で包むことにしました。どんぶりとご飯の量は、会議の席にご飯を持ち込んで決定。売値を300円にしました。

牛丼の具は、前日に調理し冷蔵庫に保管。当日は朝の7時過ぎにはもうみなさん、ご飯が冷えないようにと幾重にも包んで届けてくださり、感激。徳永由華弁護士が迎えに来てくれ、炊き出し一式を積み込み出発。会場では、安部さんは受付、私と鶴さんはひたすらご飯を計り丼に入れ具をのせる作業に追われて、3人とも、もう必死でした。

ふー、51杯達成！完売です。残ったたくわん、肉のない汁、隅のご飯。これが私たち3人の昼食です。これぞ成功の証だと、食べながらおかしくて、楽しくて美味しかったです。

晴れた真っ青な空に、色とりどりの風船がファイナルを惜しむようにとどまり、とても美しい眺めでした。

そこにある「見えない危機」を見えるように

原発なくそう！九州玄海訴訟北九州地域原告団　事務局長　植山光朗

　風船プロジェクトは、そこにある危機を、赤・青・白などの風船を飛ばす実験を通じて目に見えるようにするもので、ユニークで「楽しい」とりくみです。北九州地域原告団としても、真面目に楽しく参加するために、２０１３年７月２８日の第３回風プロに参加を決めました。「夏休み親子・孫のバスツアー」と銘うって、中型バス１台で参加を計画。会場の海浜公園海のトリムのすぐ横には、「波戸岬名物浜焼き」を商う売店村があります。「風船を飛ばしサザエのつぼ焼き、イカ焼きでビールを飲もう」のキャッチフレーズに、バスはほぼ満員。
　行きの車中では、新日本婦人の会小倉南支部の役員さんたちがステージで演じる「原発いらない」の替え歌「ひょっこりひょうたん島」「オー・シャンゼリーゼ」を参加者全員に歌詞指導、何回も何回もリハーサルしました。その甲斐あってか、本番では息のあった歌唱を披露でき、好評でした。帰りは、玄海の道の駅でお土産ショッピング。バスの中での冷たい缶ビールや白ワイン販売も、大好評でした。新婦人のみなさんの女性パワーとビールでほろ酔いの男たちの参加で、楽しい夏の一日でし

2013年10月13日、北九州市立大学で開催された第9回地域人権問題全国研究集会第7分科会「原発公害から地域社会を守る住民運動」で、風船プロジェクト（風プロ）について、リーダーの柳原憲文さんが報告しました。

柳原さんは、①玄海原発で過酷事故が起きた場合、どのような影響が発生するか市民の視点で検証する、②「見える化」することで、市民に原発事故の恐ろしさを感じてもらう、③風プロ参加者全員で「原発なくそう」の意思表明をする、④九州玄海訴訟の原告拡大をはかる、という取り組みの意義を全国からの参加者に強調しました。とくに、時速130キロの速さと、風船発見場所が福岡市、北九州市から山口、広島、愛媛、高知、大分、熊本方面など広範囲にわたっている様子を見た市民のみなさんは「こんなに早く被害が広がるのか」と一様にびっくりしています。

最後に、「原発なくそう！九州玄海訴訟原告団北九州地域原告団」の取り組みを紹介します。1万人の玄海訴訟原告団達成のためには、北九州地域で最低2000人の原告をつくらなければならないというのが目標です。現在、840人で目標の42％です。

北九州では毎月最終土曜日、定例の役員会と原告弁護団の先生たちを講師に、関心の高いテーマで学習会を開催しています。開催会場は、各区での原告団結成の手助けになるように配慮して、事務局が手配しています。2014年2月の定例会では、第10陣提訴（2014年6月3日）までに100人突破を目標に取り組むことにしました。

北九州地域原告団はこれまで8回の口頭弁論には毎回、大型バス1台で傍聴参加してきました。このように、北九州地域原告団は「運動は楽しく面白く有意義に」をモットーに玄海訴訟に取り組んでいます。

子どもたちのために、全廃炉まで、粘り強く

福岡県民主医療機関連合会・千鳥橋病院　医師　田村俊一郎

これまでに、身の危険を感じた地震が2回ある。1回目は2005年3月20日の福岡県西方沖地震で、保育所で長男の卒園式の真っ最中だった。そして2回目は、2011年3月11日の東日本大震災である。たった1年3カ月間の東京での研修中に起こった震災だった。東京の内陸にある勤務先の病院も強く揺れた。

福島第一原発事故を目の当たりにした私たちは、日本には逃げ場がないほど原発が乱立していることと、海や大気中に流れた放射性物質は世界中を汚染することを知った。人類は原発と共存できないと

いうことを、再び身をもって学んだ。放射能はいったいどこへ行くのだろう。自分の近くで原発事故が起こったらどうなるのか、その答えは先人たちがすでに示していた。風船を飛ばす活動は、私たちの親の世代が、チェルノブイリ事故後に市民活動として盛んに行っていたのである。

風船プロジェクトのことは、「玄海原発の近くから風船を飛ばすから、行かないか」と友人から誘われて知った。近寄りたくもない原子力発電所にわざわざ行くのか、そのとき地震が起こったらどうするんだと、躊躇する気持ちがあった。しかし、風船を飛ばす活動の歴史を知って、参加する気になった。

原発のある玄海町は、海岸が入り組み、アップダウンするたびに景色が変わって、サイクリングも楽しめそうなところだった。初めて行った風船プロジェクトの日は、よく晴れて風が強く、手に持っていた風船は、あっという間に空高く舞い上がっていった。途中で海に落ちそうになりながらも、その後ぐんぐん空に上るものもあり、子どもたちと一緒に1時間ほど眺めていた風船は、徳島県の端まで飛んでいた。第1

弾から第4弾までの結果を見てみると、放射性物質は中国山地の太平洋側全域にわたって広がる可能性があることがわかった。

東日本大震災が自然災害だけであれば復興できるし、地震の国日本ではこれまでそうしてきた。しかし、地震の被害だけですんだはずの内陸では、自然界には存在しない大量の放射能のために人が住めなくなった。住民はろくな説明もなく突然退去を迫られ、家族同然のペットや家畜も放置せざるを得なかった。人の手で作られた放射能によってその土地に住めなくなることが、人災以外のなんであろうか。

放射性物質の排出者である東電は、「飛び散った放射性物質は東電の所有物ではない」ので、除染費用の負担には応じられないと放言し、ある学者はニヤニヤしながら「プルトニウムは飲んでも大丈夫」、政治家は「ただちに影響はない」と言う。ペットを飼いたがる子どもたちを、「最期のときまで責任が持てないなら、飼うべきではない」と私たちは論すが、核のゴミが漏れ出た時に誰も責任をもって処理ができない原発は扱うべきでないということを、私たちはわざわざ大人に向けて論さなければならない。しかもその大人たちは強大な権力をもっていて、いつまでも駄々をこねているのである。人類の存亡をかけた悲喜劇である。

ともすると日常に手一杯で忘れそうになる。しかし私たちは、子や孫、そして10万年後の私たちの子孫たちが幸せでいられるために、粘り強く声を上げ続けていかなければならない。親たちがそうしてくれたように。

地域に根ざす女性たちのパワーで、原発即時ゼロ！

新日本婦人の会福岡県本部　西田真奈美

2013年7月28日、風船プロジェクトの第3弾に、私たち新婦人はチーム「No! nukes☆反核女子部」の企画で、初めてバスをチャーターし、9支部・総勢36名でにぎにぎしく参加しました。バスには毛利倫弁護士も乗りこみ、行きの車内で熱のこもった学習会に。どうして原告を増やすか？その理由や効果についてじっくり説明してもらいました。お話の途中でさっそく1名の方が原告になり、車内は「おぉ～、うれしいね！」とにわかに活気づいて、笑顔でいっぱいに。

会場の波戸岬・海のトリム公園は、芝生のひろばと森に囲まれた景観のよいところで、子どもたちも食べて・遊んで、大満喫！そんな中、「No! nukes☆反核女子部」のメンバーがステージに登壇し、「原発いらない」コール。毎週、九電前で抗議している大野城支部の遠藤百合香さんが新しいスタイルのシュプレヒコールを力いっぱいにリードすると、会場からはどよめきが。内心、「ちょっと激しすぎたかしら？」と心配しましたが、終わってから「すごい！とてもカッコよかった！」「新婦人にも若い世代がいて頑張っているのだな、ってうれしかった」との声が次々と寄せられました。

その後、いよいよ風船リリース。300名ほどの人が丘に集まって風船を持っている姿は、飛ばす前から圧巻で、川内訴訟団と同時に飛ばすため待機をする間、待ちきれずについ手放してしまい「あぁ

〜」という声とクスクス笑いが漏れていました。ハト型の風船は、子ども専用で「これ持って帰る〜」と飛ばすのを嫌がる子もいたほど可愛らしいフォルムです。子どもたちが飛ばしたハトの形の風船は、まるで本当に羽ばたいているように、いっせいに大空へと飛んでいきました。このとき私は、飛んでいくのはかわいい風船だけにしておくれ……と、空に願いました。

新婦人では各地で原告の会に参加し「原発学習会のつどい」を開いたりして、原告増やしに邁進していますが、実は普段の小組（サークル）活動で、何気ない会話の中でも原告拡大をしています。

福岡市西支部の下山門班では、健康体操小組でしっかり体操をしたあと「あっ、私大事なこと忘れていた。『原発なくそう！』の原告にならなきゃ！」と突然言った方の一言で盛り上がり、唐津市が故郷の会員さんが原告になりました。

新婦人は、平塚らいてうらの呼びかけで「女性の要求実現」のために1962年に設立されました。私た

風プロバスツアー添乗員奮闘記

原発なくそう！九州玄海訴訟弁護団　弁護士　八木大和

「みなさん、おはようございま〜す！　本日は、原発なくそう！九州玄海訴訟、風船プロジェクト（風プロ）バスツアーにご参加いただきありがとうございます。今日一日、皆さんのお供をさせていただきます、添乗員の八木です。よろしくお願いいたしま〜す」

こんな感じで風プロバスツアーの旅は始まります。私は、弁護士になってバス添乗員をする日がくるとは思っていませんでした。人前でしゃべることに抵抗はなく、楽しませていただきました。

さて、春の第2弾から始まったこのバスツアー。「会場まで行きたいが、交通手段がない！」とい

ちの活動には、文化的な活動や身近な要求・子育ての要求もあれば、平和や核兵器廃絶の運動もあります。この風船プロジェクトは、「原発をなくしたい、でも……お楽しみも逃しがたい！」という、良い意味でよくばりな女性の要求にそった取り組みでした。そこにうまくマッチして、バスを満席にすることができたのだと思います。

「No！nukes☆反核女子部」は、「この運動を新婦人でやれば確実に広がり、原発をゼロにすることができる！」と確信して頑張っています。女性たちの活き活きとした原発ゼロへの運動、これからも楽しみです。

う原告のみなさんの声に押され、バスをチャーターすることになったのです。風船プロジェクト自体、全国的にも注目度の高いイベントでしたので、バスへの申し込みも上々かと思いきや、風プロ実行委員たちは、チラシ、メーリングリスト、ツイッター、フェイスブックなどなど、使えるものは何でも使い、バスツアーのことを発信しました。その結果、じわりじわりと人数は増え、多いときには40人を超える参加者が集まりました。

バスツアーでは、現地までバスで行くというだけでは芸がないので、私はバス内企画を考えました。それぞれの企画内容を以下ご紹介します。

春の第2弾では、原告の人見やよいさん（福島県郡山市在住）の佐賀地裁での意見陳述を朗読しました。被災当時の様子、福島県に住む人見さんの苦悩が参加者の涙を誘いました。帰りのバスでは、風プロ会場で販売していたパンやお菓子を景品として、九州玄海訴訟クイズ大会で盛り上がりました。

夏の第3弾バスツアーでは、風プロ第3弾直前に私が参加した福島現地調査の報告をしました。福島で撮影した写真を見ていただき、震災後2年以上経っても何も変わらない福島の現状について話しました。

秋の第4弾バスツアーでは、秘密保護法成立の動きに合わせ、秘密保護法が及ぼす影響や表現の自由の重要性に関するミニ講義、福島生業訴訟原告団団長の中島孝さんと長崎原爆被爆者である川原進さんの意見陳述を朗読しました。特に中島さんの意見陳述は、福島で闘い続ける苦悩がにじみ出ており、参加者は共感し、涙していました。

バスツアーの帰路は、唐津「おさかな村」での買い物休憩を企画。バスに戻ってくる参加者の手

には、ソフトクリーム、とり飯弁当、魚の干物やコロッケなどなど、完全に「唐津特産品買い物ツアー」の観光客状態でした(笑)。私もちゃっかり、アジの干物やとり飯弁当を購入し、添乗員であることは忘却の彼方でした。ちなみに、とり飯弁当を売っているのは、九州玄海訴訟の原告、麻生茂幸さんが経営する「みのり牧場」の直売店。とり飯もさることながら玉子焼きも美味なのです。

購入した特産品を食べながらバスは福岡へ帰ります。参加者からは、「風船が飛んだ様子に感動した」「参加してよかった。家族を連れてくればよかった」「夫を原告にさせます!」「私、原告になります!」など、たくさんの元気をもらえるコメントの連発です。私は、その一人一人の言葉を聞いていると、「自分は一人じゃない」「みんなで世の中を変えていくのだ!」と気持ちが奮い立ち、目頭が熱くなりました。バスツアーの準備は大変でしたが、風プロバスツアーは毎回大成功で、たくさんの元気をいただきました。また、バスを出すときは、どうぞ添乗員八木を御指名下さい。

第3章
風船プロジェクトに寄せる

作家の片山恭一さん（原告）をはじめ風船プロジェクトの参加者、また、私たちと関わりのある人たちに風船プロジェクトへの想いを寄せていただきました。

社会のあり方が変わる、自分のあり方が変わる

作家　片山恭一

　原発は技術的にも、経済的にも、もちろん倫理的にも、すでに破綻しています。そのことは明らかです。倫理的な問題はさておき、今回のように事故が起これば技術的に収束できない。地元自治体への補助金、廃炉を含めたバックエンド・コスト、事故が起こった場合の補償、すべて算入すれば採算がとれないことは簡単に証明できる。合理的に考えれば、原発が不合理であることは議論の余地がない。これは立場の違いに関係なく、誰もが認めざるを得ないことです。

　にもかかわらず、原発を動かそうとしている。性懲りもなく、まだつづけようとしている。なぜでしょう？　それはぼくたちの社会に、本当の意味での合理性が根づいていないからだと思います。原発を推進しようとしている人たちだけが不合理なのではありません。ぼくたち一人一人が不合理さを脱し切れていないのだと思います。まだまだ科学的な無知と迷妄に侵されている。たしかに原発のことにかんして、ぼくたちは見分を広げ、自分なりに勉強もして、合理的に考えようとしています。合理的に考えて、原発に「NO」と言っているわけです。

　しかし、それ以外のことについてはどうでしょう？　たとえば医療現場においては、検査にも治療にも、依然として大量の放射線が使いつづけられています。見直そうという動きは皆無です。おかしくないでしょうか？　原発事故による放射能にたいして「NO NUKES」と言うのなら、医療現

第3章　風船プロジェクトに寄せる

場で使用される放射能にたいしても「NO NUKES」と声を上げるべきです。片方だけを批判するのでは、文字通り片手落ち、現実を変える力にはならないと思います。

福島の原発事故によって、ぼくたちは「専門性」と呼ばれているものが、いかにいい加減なものであるかを知りました。要するに既得利益に過ぎなかったわけです。そこから「専門家は信用しない」ということが、最大の教訓としてもたらされました。医療にかんしてはどうでしょう？　癌治療でも老人医療でも、あいかわらず専門家にお任せの状態ではないでしょうか。あいかわらず思考停止しているのではないでしょうか。

ぼくたちの社会は、なお深い無知と迷妄に覆われています。煙草の有害性を言うなら、携帯電話の有害性も言うべきでしょう。恐るべき量の電磁波に四六時中曝されているのですから。太陽光パネルやハイブリッド・カーは大丈夫でしょうか？　わかりやすいものに飛び付くのが、ぼくたちの悪い癖です。自分がとらわれている不合理性を、一人一人が検証しなければならない。そしてぼくたち自身が変わっていく必要があります。それが不合理さに覆われた日本の社会を変え、原発という不合理なものを終わらせる、唯一の道だと思います。

風船プロジェクトに参加して

九州LOVERS・福島原発事故被害者　木村ゆういち

1回目2回目のプロジェクトに家族と仲間と参加させていただきました。参加させていただいた理由は、福島の原発事故を身をもって体験した者として、玄海原発の恐さを知るためでした。私自身、その大地震で「原発事故」を想定できないくらいに、原発に無頓着な人間でした。テレビや新聞で伝えられる「津波被害」の報道に、実家の両親の安否にばかり目がいっていたことも、気がつけないでいた理由かもしれません。

翌日福島第一原発が爆発してもなお、NHKの放送、新聞テレビを観てもその計り知れない影響を感じることができませんでした。目に見えない、臭いも無い、原発事故現場から流れて来る放射能に対応することは不可能でした。そののちシーベルトという空間線量の数値を目にすることができるようになり、その数値だけが唯一の危険を判断する手がかりでした。その数値を調べれば調べるほど、危険な数字であること、できるだけ遠くへ遠ざかることしか方法は無いと判断して、福島市から九州へ避難することを決意しました。

本当に放射能が見える物であれば、即座に避難をしたでしょう。見えなければ何を基準になにを判断すべきかを判らなくしてしまいます。原発事故以降にガイガーカウンターという機器を購入しまし

た。普通の一般人が購入するような物では本来ありません。高い機器を購入せずとも、近県にある原発が「もし」事故や爆発などがあった場合、事前に認識させてくれる風船プロジェクトはその大切さを教えてくれます。

風船プロジェクトは、放射能が大切な故郷に飛んでくるのかを判りやすくしてくれました。皆さんと飛ばす風船は綺麗でしたが、それが放射能と思うと、飛んでいく先に玄海原発の放射能が届くということなのです。

福島の原発事故から、九州のみなさんに原発事故についてもっと学んでほしい、知ってほしいと思っています。普段から原発をしっかり監視しなければいけません。事故が起きてからは「避難」しか方法が無いことを知って下さい。

あなたの大切な町に風船が届かないことが理想ですが、四季折々で風向きが変わります。原発が無い地域も関係ありません、風に乗りあなたの町へ飛んできます。

でも一番いいことは……いますぐ危険な原発の使用をやめることです。それであなたの大切な故郷を、生活の場を守ることが可能なのですから。

福島には帰れない、病気になりはじめている子どもが日に日に増えています。私たちは便利さに頼り過ぎ、原発事故によってた

日韓共催クルーズ「ピース&グリーンボート」韓国の皆さんと風船プロジェクトに参加！

ピースボート共同代表　吉岡達也

2013年秋、日韓共催クルーズ「ピース&グリーンボート」において、韓国の皆さんと一緒に、4回目となる風船プロジェクトに参加させていただき、感謝しております。

2011年の福島第一原発事故以来、脱原発世界会議や総理官邸前のデモを含め様々なイベントやアクションに参加してきました。そうした経験の中でも、波戸岬での今回のイベントは、恐らく一生忘れないだろう、ひときわ美しく、そして楽しいアクションでした。

30年間ピースボートを通じて学んだことは、どんなに深刻で悲惨な問題に立ち向かうための運動でも、楽しくなければ続かない、ということです。皆さんの行われている風船プロジェクトは大人が楽しめ、子どもが喜び、美しい。しかも、放射能の拡散予測シミュレーションという科学的調査でもあり、一石三鳥にも四鳥にもなっている素晴らしいアクションだと思います。

くさんのことを失いました。失って気がつきました。故郷は大切な、思い出多き場所であり、いつでも帰れる場所であり、いつまでもあると思っていました。

未来のみなさんの子どもや孫の帰る場所であり続けるために……原発はやめませんか？

残念ながら日本も韓国も、原発をめぐる状況はますます厳しさを増しています。

安倍政権は、主権者である国民がパブリックコメントや意見聴取会を通じて明確に脱原発への道を選択したにもかかわらず、その声を全く無視し、まるで福島の事故などなかったかのような原発推進を掲げたエネルギー基本計画を発表しました。これは、民主主義を愚弄するものです。国際社会からも、汚染水を垂れ流し地球環境を破壊し続けている当事国が全く反省をせず、再び地震による過酷事故再発の危険を犯す再稼働へとひた走っていることに、強い批判が相次いでいます。

しかし、このような状況であるからこそ、風船プロジェクトのような具体的で楽しい脱原発アクションがますます必要になってくるのだと思います。これからも、あのカラフルで美しい風船のように玄界灘を越え、国境を越えて、韓国の皆さんともつながり、東アジア全体の脱原発に向けて、ともにがんばりましょう！

希望を空へ

日韓共催クルーズ「ピース&グリーンボート」 円仏教 教務 金和然(キムファヨン)

生命と健康を脅かさず安全に使えるエネルギー！ 私が暮らす土地、飲む水、吸う空気を汚染しないクリーンなエネルギー！ これはだれもが望む、最も基本的な条件ではないだろうか？ しかし、現実はまだほど遠い。

核兵器をつくり出したマンハッタン計画以降、より強固に繋がった国家と巨大資本の論理は、この上なく常識的な判断まで無力化してしまう。卵で岩を打つかのような自滅行為だ。そのため、多くの人々は思い通りの行動ができず、だんだんと沈黙を選ぶようになる。

しかし、ここに集まった日韓の市民たちは、沈黙を破り、共に行動することを選んだ。一過性のイベントではなく、持続的な交流と連帯、そして自発的な実践だ。

詩を詠み、歌を歌い、文章を書き、壁新聞を貼り、共に行動する市民を集め、署名を集め、そして今日はこの蒼い空に

第3章　風船プロジェクトに寄せる

희망을 하늘에 띄우다

　　　　　　　　　　　　　　　　　　원불교 교무 김화연

생명과 건강을 위협하지 않으면서도 안전하게 사용할 수 있는 에너지!
내가 발 딛고 사는 이 땅, 마시는 물과 공기를 오염시키지 않는 청정한 에너지!
이건 누구라도 바랄 수밖에 없는 가장 기본적인 조건이 아닌가?
그런데 현실에선 아직도 요원해 보인다.
핵무기를 만들어낸 Manhattan Project 이후, 더욱 공고히 결합된 국가와 거대자본의 논리는
지극히 상식적인 판단도 무력화시킨다. 계란으로 바위를 치는 것처럼 말이다.
그래서 수많은 사람들은 생각하는 데로 행동하지 못하고 종종 침묵을 선택한다.
하지만 여기 모인 한국과 일본의 시민들은 침묵을 깨고 함께 행동에 나섰다.
일회성의 이벤트가 아니라 지속적인 교류와 연대, 그리고 자발적인 실천이다.
시를 쓰고, 노래를 부르고, 글을 쓰고, 대자보를 붙이고, 함께할 시민을 모으고, 서명도 받고,
그리고 오늘은 새파란 하늘에 우리 모두의 염원을 담아 색색이 풍선을 띄운다.
여기서 띄운 풍선이 바람 따라 흘러가는 경로를 보면서
방사선이 타인의 문제가 아니라 우리 공동의 생존문임을 자각하기를 바라면서 말이다.
함께 손잡고 만들어가는 이 순간은 너무나도 소중하고 아름다웠다.
그래서 믿음이 생긴다.
여전히 수많은 장벽이 기다리고 있겠지만, 우리가 함께 꿈꾸는 이 희망과 연대가
어렵고 기나긴 과정을 이겨내는 힘이 되어줄 것이라고 말이다.

風船は県境と国境を越えて

牧師　木村公一

私たちみんなの願いを込め、色とりどりの風船を飛ばす。飛ばした風船が風に乗ってゆくのを見ながら、放射線が他人事ではなく私たち共通の生存問題であることに気づいてくれることを願う。手を取り合ってつくってゆくこの瞬間は、尊く美しかった。ここから信頼が生まれる。いまだ多くの困難が待ち構えているだろう。

しかし私たちが夢見るこの希望と連帯が、険しく長い道のりを支える力になってくれるだろう。

風船プロジェクトは、〈放射性物質の拡散範囲の確定〉に、風船という平和のシンボルが県境や国境をこえて広がっていく〈お祭り〉のイメージを取り込んだ新しい形の脱原発運動です。「木村さん、あなたが書いたメッセージを広島の山里で受け取った人から、電話連絡がありました」との知らせを受けたのは、第2弾「風船プロジェクト」（2013年4月14日）のときでした。わたしは、玄海原発と広島がひとつの風船で結ばれているという「奇妙な感覚」をもちましたが、同時に、玄海の放射能が無慈悲にも県境をいくつも越えて拡散していく可能性の恐さを感じとめたのでした。

風船プロジェクトが私たちに教えている最も大きな教訓のひとつは、原発にも放射能にも国境がないということ、さらに、脱原発運動も国境を越えた民衆の連帯が重要であるということです。実際に、

第3章 風船プロジェクトに寄せる

日本でも、韓国でも、国内に原発を建設することが困難なので、原発を輸出する国家プロジェクトが盛んです。国際的な原発輸出の時代において、地域の課題としっかり取り組む世界の民衆が、互いに手をとり合う民際連帯によって、原発建設を止めなければなりません。なぜなら、世界の原子力メーカーが国際連帯によって新たな原発市場を開拓・支配しようと企んでいるからです。

周知のように、今日、原発メーカーは東芝（＝WH）、日立（＝GE）、三菱＋アレバといった日本のメーカーをはじめとするアジア勢が優勢です。特に、韓国の「斗山（ドゥサン）重工業」の輸出攻勢には驚かされます。ドゥサンは2009年に韓国産の原子炉を中国にはじめて輸出しました。さらに2010年にはアラブ首長国連邦と原子炉輸出契約を結んでいます。また、インドからは世界最大の出力をもつ原発を受注しています。ドゥサンは、韓国国内の原子炉20基のうち19基を建設した実績を持ちます。

韓国政府が音頭をとり、韓国電力公社と電力関係4社が蔚山（ウルサン）市に設立した「国際原子力大学院大学」が2013年3月に開校しました。授業は英語で行われ、各国の電力関連省庁から派遣された留学生は、原発の運転管理、設計、建設を2年で学びます。学費は国際原子力大学院大学の潤沢な奨学金で賄われます。隣接地に稼働中の新古里（シンコリ）原発で実習を積むことができます。

韓国野党は、国内における原発の比率を減らすべきだとの認識で一致していますが、「原発輸出は別だ」と意欲的です。

玄海原発の再稼働に反対する私たちは、こうした世界と原発メーカーの動向にも目を光らせ、外国の原発立地予定地の住民たちとも連帯して、原発の建設と稼動を許さない運動を確かなものにしてい

海底から命を拾い、青空に希望を託す

ハンナ＆マイケル　高柳英子

く責任があるのです。

目に見えない放射性物質の拡散を、視覚化するプロジェクト――文字通りに受けとめたら、これはいささかおぞましいイベントではあるまいか？　人類を滅亡させる恐怖の病原菌が次々に人に感染していく様を描いた、パニックSF映画みたいだ。

それが、色とりどりの風船を手に、宇宙開発のロケット技師にでもなった気分で、緊張と期待に満ちてカウントダウンをし、風船が青空に一斉に舞上がるさまに、歓声をあげ、自分のメッセージが結ばれた風船を拾った人から、便りが届く日を、胸ときめかせて待つ、というロマンに満ちた物語に変身するなんて。

第１回目に知人の車に乗せてもらって途中参加した時から、このドラマに魅了され、次回からは友人も誘ってバスツアーをし、「福岡の貝」を売ってカンパ協力しよう、と心に決めた。

３・11後、原発のある暮らしを享楽してきた自責の念と、福島に対して何かせねばという焦りで、も赤十字を通じての寄付ぐらいしかできない自分への無力感で、私は心がへし折れそうになっていた。

そんな時、関東から避難してきた若いお母さんたちがデモを計画していると聞き、警固公園へ出

第3章　風船プロジェクトに寄せる

貝殻を並べた標本「福岡の貝」

かけた。それが福岡における脱原発デモの第1号であり、「ママは原発いりません」の誕生だった。

その代表（当時）の刀禰詩織さんが、偶然にも昔の私のドイツ語の生徒さんだった。エーリヒ・ケストナーのファンなので、自分のお子さんに小説の主人公と同じ名をつけたという。その子を守りたい一心で、彼女はすべてを捨てて福岡に避難してきたのだ。私自身は、学んだドイツ語で最初に出したファンレターがケストナー宛てであり、結局ドイツ児童文学翻訳家になったのであるから、人の縁というのは不思議なものである。

詩織さんに貝殻を張り付けた手作りの額縁を贈呈して、2011年の夏、私が1人でするハンナ&マイケル制作「脱原発をめざす組織への資金援助プロジェクト 福岡の貝」が始まった。

若いころ趣味で採集した、福岡の玄界灘や博多湾一帯の極小な貝殻。それを額縁に並べてかわいい小さな標本を作り、寄付集めをするプロジェクト。手弁当でがんばっている全国の反原発ボランティア組織に5000円の寄付をし

かごしま「風船とばそう」プロジェクト

原発なくそう！九州川内訴訟かごしま「風船とばそう」プロジェクト　実行委員　井ノ上利恵

2013年7月28日、川内原発（鹿児島県薩摩川内市）近くの久見崎海岸で、かごしま「風船とばそう」プロジェクトを実施しました。酷暑の中、私たちが予想していたよりもはるかにたくさんの方が参加してくださったことに、本当に感謝します。

工夫の1つは、原発反対のアピールというより、参加者に原発の海への影響を広く考えてもらおうと、海岸の観察会を開いたことです。海洋大型生物の死亡漂着が相次ぐ原発周辺海岸をパトロールさ

てくれたら、この額縁をさしあげます、という趣旨である。

地球上のすべての生命は、太古、海から生まれた。命の母なる海に、福島のみならず正常稼働する原発からも、今も大量の放射性物質が、垂れ流されている。命の証しともいえる「福岡の貝」を手に、目に見えない海の汚染を想像し、脱原発の声を広めてほしい、そんな願いを込めている。

53個目の「福岡の貝」を販売したのは、ファイナルプロジェクトで脱原発の希望を託した風船が紺碧の空に吸いこまれていくのを見ながらのことだった。すべての原発廃炉が実現するまで、これからも貝殻の額を作り続けていこうと思う。

れている方や、鹿児島大学の「ウミガメ研究会」の学生さんたちに海岸を案内していただき、詳しく話を聞きました。原発による海洋生物への影響にも理解を深めていただけたように思います。

海岸を歩きながら、漂着物のゴミ拾いも行いました。また、すでに風船飛ばしを成功させていた玄海訴訟の「風船プロジェクト」の方々と準備段階から連絡を取り合い、玄海と川内での同日同時刻の風船放流が決まりました。当日は携帯でカウントダウンし、同時に放流できたことも私たちの「原発なくそう」の思いがより一層強く込められたと思います。

猛暑の中での過酷な準備のあとの風船放流は、たくさんの参加者の歓喜とともに、放射性物質に見立てたものということを忘れるほど、感動的なものでした。2013年7月28日の風船放流では、拾った方からの連絡は14件でした。一番早く届いたところは、28日午後5時半ころ、宮崎県高原町です。遠いところは、宮崎県日南市北郷町で28日午後6時頃です。

第2弾は2014年4月6日に行いました。県内外から約100人が参加しました。放流から30分後の午後2時30分に、鹿児島県いちき串木野市荒川で発見されたのをはじめ、現在（2014年5月16日）、9件の発見情報が届いています。

このプロジェクトを通して、多くの方に原発について関心を持っていただき、「原発なくそう」の願いに向かって進んでいきたいと思います。

岐阜の脱原発運動が獲得したものとしなかったもの

さよなら原発ぎふ　代表　石井伸弘

「さよなら原発ぎふ」は、2011年3月に起きた福島第一原発事故を受けて、同年5月にスタートした、原発に依存しない社会を実現することを目的とした市民団体です。現在岐阜県内の市民約50名が活動に参加しています。

現在までに3カ月に一度のペースで脱原発デモを、岐阜市はじめ大垣市、各務原（かかみがはら）市といった県内都市で開催してきました。発足の当初はデモを行うことのみを想定していましたが、2012年3月に岐阜県に最も近い美浜原発（福井県美浜町）からの風船による風向き調査を行ったことを契機に、自治体、地方議会などへの調査や働きかけを行ってきました。

風船を飛ばすきっかけになったのは、チェルノブイリ事故直後の1988年にも美浜原発から風船を飛ばした岐阜のグループがあり、そのグループのメンバー数名が私たちの活動にも参加していたことから、「もう一度やろう」と行われたのです。

結果は、実施した私たち自身が驚くほどのものでした。1000個飛ばしたうちの100個が発見され、そのうち83個が岐阜県内で発見されました。その発見数の多さから（きわめて運が良かったのでしょう）、県内の自治体担当者、マスコミ、市民に対するインパクトは大変強いものになりました。

ちょうどその頃、岐阜県は独自に敦賀原発の過酷事故におけるシミュレーションを外部に委託して

いました。私たちの風船調査から半年遅れて発表されたこの調査では、岐阜県内25市町で外部被ばく年間20ミリシーベルト以上の広いエリアが出現することなどが明らかにされました。図らずも市民の調査を自治体が補完したのです。

これを受け、県議会および対象となる25市町の議会に対して、原則40年で廃炉とする規定の敦賀・美浜原発への適用を議会の意見書として採択を求める活動（2012年9月〜2013年6月）を行いました。結果として、ニュアンスの濃淡はあるものの、1県4市4町の議会（岐阜県、大垣市、羽島市、本巣市、山県市、池田町、笠松町、北方町、神戸町）で意見書が採択されました。原発に対する市民や議員の意見の変化を目に見える形で残すことができたと考えています。

並行して、避難対象となる25市町に対して避難想定などに関するアンケート調査（2013年5月）を行い、岐阜県人口約206万人のうち、最大約98万人の避難が必要となることなどを明らかにし、大きく報道されました。

岐阜県は原発立地県ではありません。したがって原発問題に関心も低かったことから考えれば大きな前進だといえます。原発立地県以外でできる活動としては及第点をもらえる「アウトプット＝結果」といえるでしょう。

しかし、市民の関心は現在極めて低調です。近い将来の政策の全面転換も望み薄です。普通の市民がデモに来ることも稀になりました。脱原発を進めるためには、古いまたは危険な原発から順番に一つ一つ廃炉にしていくといった「アウトカム＝成果」に焦点を当てた活動が求められているように思います。そして、その効果的な方法論をめぐって模索を続けています。

第4章

未来につなげる

風船を発見した人の感想をピックアップ。風船プロジェクトの結果を通じて、脱原発の思いを広げる活動に取り組んでいる人たちに執筆していただきました。

飛んできました！驚きました！
発見した人の思い

発見情報番号は、第1章の風船発見マップの一覧のなかの番号です。「■メッセージ」は風船に付けたメッセージカードの内容です。

Vol.1 発見情報❶ 福岡市西区周船寺
参加した弁護士が福岡市の自宅へ帰る途中目撃。「周船寺付近で空を漂っている風船を発見しました。飛ばしてから2時間20分で西区に到達したということですよね」

Vol.2 発見情報⓰ 山口県下松市笠戸島尾郷
■メッセージ：「村松」の名前で「自分たちの家族を大事にするなら原発をやめましょう」
「自宅の車庫に落ちているのを発見。私も原発はいらないと思っていて上関原発の建設には反対です」

Vol.2 発見情報⓱ 広島県豊田郡大崎上島町中野
「みかん畑の木にひっかかっていた。孫がネットで検索し、飛ばす瞬間の動画をみた。思いのつまった風船。1000個のうちの1個が届いたのも何かの縁。原発なくそうって夢ですね。こういう世界ができたらいいですね」

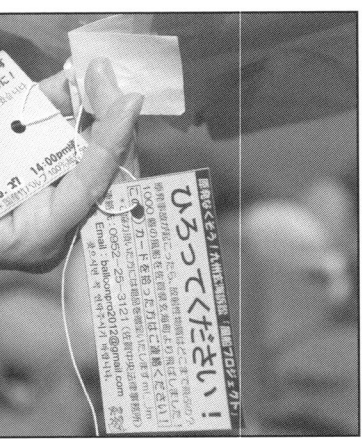

Vol.3 発見情報❶ 福岡県豊前市大字川内
「家から2〜3分の田んぼを見に行ったらイノシシよけの電線にひっかかっていた。何だろうと思ったけどテレビでみてたから『あれかぁ』と思った」

Vol.3 発見情報❻ 大分県中津市耶馬渓町
■メッセージ：原発のない世界を私たちの子孫に残しましょう
「コンビニに寄ったら、ちょうど落ちてきた」

65　第4章　未来につなげる

Vol.4　発見情報❺　佐賀県杵島郡江北町上小田
■メッセージ：再稼働はいけません
「ここまで来るんだと不安になってました。がんばってください」

Vol.4　発見情報❽　熊本県菊池市隈府
　　　　　　　　菊池市立菊池南中学校
■メッセージ：原発をなくそう。つながろう。未来は私たちがつくる
「テニスコートでみつけた。風船はしぼんでるだけできれいです。がんばってください」

Vol.4　発見情報⓭　熊本県菊池市小木
■メッセージ：原発を一刻も早くなくして地球・家族を守りましょう
「見つけた時はどこかの犬がパンパース（紙オムツ）をくわえて運んできたのかと思ったけど、よく見ると風船だった。玄海原発からここまで飛んでくるのかと思うと怖いです」

Vol.4　発見情報㉝　熊本県山鹿市鹿本町御宇田
■メッセージ：原発、原爆、一字の違い
「うちが一番遠いと思ったら違うんですか？頑張って下さい」

Vol.4　発見情報㊵　熊本県山鹿市鹿央町岩原
「家の近くのたんぼで稲刈りをしているときに発見。青い風船。やはり現実のものとして佐賀からこんなところまで放射能がくるんだなぁと思った。子どもたちが心配です」

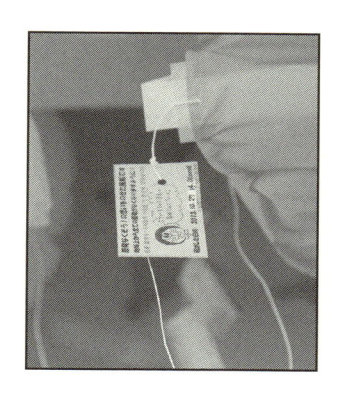

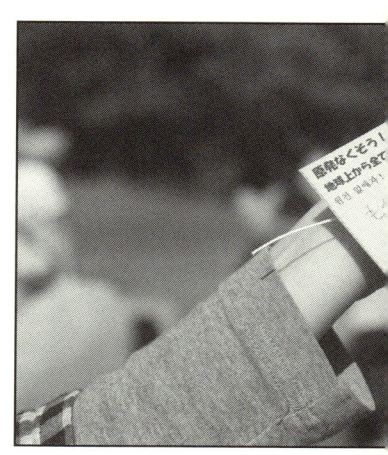

ネットで風プロ発見、議会で取り上げ

兵庫県淡路市議会議員　鎌塚聡

私は２０１３年６月４日、淡路市議会第47回定例会で「脱原発を目指す首長会議」について質問を行い、その中で、インターネットで訴訟団の風船プロジェクトを発見し、風にのってどこまで飛ぶのかという結果を使わせていただきました。

なぜ、議会質問でこの件を取り上げたかというと、２０１３年４月25日に兵庫県が、1歳児の甲状腺被ばく線量を把握するためなどを目的として、大飯原発など福井県の原発群で事故を想定しての拡散予測を公表しました（※1）。地元紙などにも大々的に分布図が掲載されました。事故が起きれば、原発群より１２０キロ離れる我が市にも、影響が皆無ではないことがわかりました。それまでは、「関西の水瓶」といわれる琵琶湖水系の導水で淡路地区を含む近畿圏への水道水の間接的影響が危惧されていましたが、放射性物質の直接的な影響が公表され、県下関係市町にも衝撃的なものとなりました。

質問は、風船プロジェクト第１弾と第２弾の結果をパネルにして示しながら行いました。兵庫県のシミュレーションは福井県の４原発のみであり、私は、淡路市の西側２７５キロに位置する四国の伊方原発は問題ないのかという提起をしました。玄海原発から放たれた第２弾の分布状況を、伊方原発と当市への位置関係に置き換えてみると、プロジェクトの趣旨である「見える化」によって、西風の

影響を説明する資料として説得力あるものと考えたからです。

質問で取り上げた定例会は、2013年4月13日に発生した淡路島地震が起こった後の定例会でした。

阪神淡路震災から19年がたち、当然あの地震を忘れてはいませんが、時の経過とともに意識が薄れるということは言えるのではないでしょうか。だからこそ被災自治体として発信できることは大きいのです。

安全神話につからず、原発再稼働を許さず、廃炉に向けて世論を大きくしていかなければいけない中で、自治体として何ができるか。これまでも脱原発を求める首長会議への参加について提言してきましたし、再び淡路を襲った震災を受けてなおさら、災害はいつなんどき襲ってくるか予想できないという前提で、住民意識・防災意識を高める必要性、そのためにも市長がリーダーシップを発揮し先頭に立つべきだとの思いで、質問しました。これに対し市長は「今、まだそういう時期が来ていない」と述べるなど、市民の願いに背を向ける消極的な姿勢でした。原発訴訟団の皆様とともに、私たちの淡路市の住民からも原発ゼロにむけてできることを、一緒に頑張りたいと思います。

※1　http://web.pref.hyogo.lg.jp/press/20130425_8321134 6bbc055db49257b590003be38.html

※淡路市議会第47回定例会議事録は資料を参照。

松山キャラバン&九州電力と自治体への要請

原発なくそう！九州玄海訴訟弁護団　事務局次長　弁護士　近藤恭典

衝撃的だった風船プロジェクト第1弾の結果マップ。この結果を広く世に知らせようという声が出たのは当然でした。というわけで第1弾後に急遽実施されたのが、松山キャラバンと自治体要請です。

松山キャラバン

「愛媛のみなさん、玄海原発から風船が飛んできたことを知っていますか」
「玄海原発で事故が起きたら、みなさんも被害者になります。ぜひ玄海原発を止める訴訟の原告に加わってください」

福島第一原発事故から2年経った2013年3月10日、全国各地で原発反対の集会が開かれました。伊方原発を抱える愛媛県では、松山市で「3・10伊方原発をとめる愛媛集会」という大規模な集会が開かれ、そこに、「原発なくそう！九州玄海訴訟」から、いとしまの会の中牟田享さん、原告団事務局の田中美由紀さんと私の3名で、連帯のあいさつに行ってきました。

風船プロジェクト第1弾では、多くの風船が四国各地に落下してきました。それも、リリースからわずか半日〜1日程度で届いていたのです。愛媛県は玄海原発から200〜300キロの距離にありますが、リリースの翌日早朝には、県内で2つの風船が発見されています。

松山の集会の壇上で私たちがこの事実を話すと、参加者から大きなどよめきが起きました。第1弾の結果チラシを見た方は口々に、「恐いのは地元の原発だけじゃないんだね」「（風船の落下地点を記した地図を見て）四国も全部やられちゃうんだ」と感想を述べ、なかには「私もなるよ」と言って玄海訴訟の原告になった方もいました。

風船は、放射性物質というありがたくないものを仮想していますが、私たちは、この風船が届いた各地の人々とつながり、脱原発の連帯の輪を広げたいと考えています。そういう思いで出かけた松山キャラバンでしたが、たくさんの仲間に迎えられ、私たちの思いを受け止めてもらうことができました。

その後、「伊方原発を止める会」は、2013年12月に伊方町から500個の風船を飛ばす「ふうせんプロジェクト」を実施しました。脱原発を願う風船飛ばしの輪は、確実に広がっています。

九州電力と自治体へ要請

「福岡市には、わずか2時間で風船が到着したんですよ」

「住民の安全に責任を持つべき自治体として、風船プロジェクトの結果を重く受け止めてください」

玄海原発の稼働について、福岡県と福岡市は九州電力と安全協定を結びましたが、再稼働について同意権を持たないなど、協定の内容は極めて不十分なものにとどまっています。

風船プロジェクトの結果を見れば明らかなように、玄海原発でひとたび過酷事故が起これば、福岡県はおろか、九州全域、四国、中国地方まで放射能汚染地域となります。30キロ圏内だけを対象とし

電力にも要請し、直接交渉しました。後日、自治体から回答が寄せられ、今後、地域防災計画の見直しをおこなう必要があるなどの認識が示されました。

少なくない自治体が、原発推進という国策に抵抗することに難色を示しています。そうしたなか、函館市長が「大間原発で過酷事故が起きれば市が壊滅状態になる事態も予想される。市民の生活を守り、生活支援の役割を担う自治体を維持する権利がある」と主張して、電力会社と国を相手に大間原発建設差止めの訴訟を提起するなど、真に住民の安全を考えて行動する自治体も生まれてきています。

「3・10伊方原発をとめる愛媛集会」に参加（2013年3月10日）

佐賀県知事へ要請（2013年3月6日）

た避難計画など、まったく意味を持ちません。

私たち風船プロジェクト実行委員会は、風船プロジェクトの結果を持って福岡県庁と福岡市役所、佐賀県庁や唐津市役所を訪問し、原子力協定を見直してほしいこと、避難計画の策定は、そもそも避難が可能かどうかという観点から検討してほしいことなどを申し入れました。また、九州

私たちの草の根の取り組みで、地方から国策を変えていかねばなりません。

※要請書（佐賀県・福岡市・九電宛）、各自治体の回答は資料を参照。

佐賀県避難計画の実効性を問う！追及プロジェクト

原発なくそう！九州玄海訴訟弁護団　事務局次長　弁護士　稲村蓉子

国が避難計画策定を急ぐわけ

今、国は、原発周辺の自治体に対し、原子力災害発生に備えた避難計画を策定するよう急がせています。なぜ国は避難計画策定を急ぐのか、その理由はこうです。

2013年7月に原子力規制委員会がつくった新規制基準は過酷事故を防げないので、新規制基準は過酷事故が起きる可能性を排していません。つまり、新規制基準は過酷事故が起きた際に備えて避難計画をつくっておく必要があります。国は、避難計画は再稼働の条件ではないとしていますが、論理的には、避難が確実にできるという保証がなければ、再稼働が許されるはずがありません。

もちろん、国も、「避難計画が再稼働の条件ではない」という説明が論理破綻していることをわかっています。避難計画なしに再稼働を進めれば国民の反発を受けるのは確実なので、反発を避けるために、原発周辺の自治体に避難計画の策定を急がせているのです。そして、避難計画が策定された

暁には、その論理を逆手にとって、「避難計画が策定されたから再稼働しても大丈夫」と大いに宣伝する思惑なのです。

佐賀原告団による質問状提出

避難計画を形だけ整えたからといって、それを理由に再稼働を認めるようなことを許してはならない。そんな思いから、2013年7月から2014年2月にかけて、佐賀の原告団運営委員会を中心に、避難計画の策定状況・実効性について佐賀県内の自治体に質問状を提出し、真に実効的な避難計画といえるのか検証することにしました。

私たちが質問状を提出した自治体は、佐賀県をはじめ、佐賀県が避難計画策定を求めている原発30キロ圏内の玄海町、小城市、伊万里市です。さらに、玄海町や唐津市、伊万里市からの避難者の受け入れを行う小城市、武雄市、有田町に対しても、避難の実効性を問うために質問状を提出しました。

質問状の内容と回答

質問状の内容は、宛先の自治体によって異なりますが、大きく分けて5つのポイントがあります。①事故時に素早い対応ができるのか、②避難手段、避難ルートは確保できているのか、③要援護者、病院・福祉施設入所者の避難はできるのか、④再避難はできるのか、⑤長期避難計画はできているか、の5つです。その他のポイントとしては、原子力災害の専門家職員はいるのか、スクリーニング機器や除染を行う体制の整備状況、があります。

第4章　未来につなげる

質問状を玄海町に提出する佐賀原告団（2013年10月7日）

さて、その回答は……。予想はしていましたが、どの自治体も計画はつくってはいるものの、実効的な内容とは程遠いものでした。回答を例示するだけでも、「小城市方面へ放射性物質が飛散する可能性はあるが、小城市に向かう避難ルート以外のルートは決めていない」（玄海町）、「原子力災害の発生情報を伝達するための防災行政無線を配備できていない。配備には約8億円が必要で、予算捻出が課題」（伊万里市）、「避難受入れ時に生じうる、ガソリン不足、渋滞、事故への対応は定めてない」「原子力災害の専門的知識を持つ職員はいないし、特化した予算措置もたててない」（武雄市）、「小城市からの再避難の計画はなし。避難が必要になった場合は県の対応に期待」（小城市）、「避難受入先の市町村とは避難のための協議をしていない」（唐津市）といった調子です。

佐賀県は、2013年11月30日、広域避難訓練をしていますが、避難訓練参加者の人数は、人口比でみると、唐津市で0・2％、伊万里市で0・3％に過ぎません。さらに、避難は自家用車での避難が原則ですが、自家用車の参加台数は、

玄海町、唐津市、伊万里市合わせてたったの15台。避難時間推計シミュレーションすらしていません。これで実効的な避難ができるはずもありませんし、避難計画の実効性を検証できたはずがないことも明らかです。古川庸佐賀県知事は2014年2月6日、「（既存の）地域防災計画の活用で対応は可能。今の段階でできていないという認識には立っていない」とマスコミに述べていますが（2014年2月7日付朝日新聞）、こんな状況でなぜそのようなことが言えるのか、無責任としか言いようがありません。

「避難計画追及プロジェクト」のすすめ

急ぎ避難計画を策定し、形だけ整えて「これで大丈夫ですよ」と再稼働を推進しようとする国の思惑に、私たち市民は騙されるわけにはいきません。

風船プロジェクトでは市民自らの手によって放射性物質拡散のシミュレーションを行い、「放射性物質の視覚化」に成功しました。次に求められる取り組みは、放射性物質が飛んでくる可能性のある地域の住民が、「きちんと避難できるのか？」と自治体や国に対して追及し、自らの健康と命を守る取り組みをすることです。

風船プロジェクトでは、玄海原発で事故が起きれば西日本一帯が汚染される可能性があることが明らかになりました。これは、全国どこでも被害地域になる可能性があるということです。佐賀県以外の皆様も、ぜひ、地元自治体で、「避難計画の実効性を問う！追及プロジェクト」を行ってみてはいかがでしょうか。

風船プロジェクト結果と福岡市原子力災害避難計画

福岡市議会議員　中山郁美

はじめに

風船プロジェクトの結果から、玄海原発で放射性物質が飛散する事態となった場合、40〜60キロ圏内の福岡市には1〜2時間後には放射性プルームが到達することになる、このことが証明されたのです。そこで、玄海原発で大規模な事故が発生した場合、現在福岡市が策定中の避難計画では、どのような動きになるとされているか検証しました。

事故情報は伝わるのか

玄海原発で福島並みの事故が起きれば、地域防災計画に定める「全面緊急事態」との連絡が国、県、市に入ります。当然その情報は原発、つまり九電側から発出されるわけですが、大規模な事故が起きた場合に、現場での対応に追われる原発職員が冷静に「何が起きているか」を把握し、正確な情報を国・県・市に入れることができるのか甚だ疑問です。しかも、九電といえば、あの「やらせメール」で情報をねつ造した企業です。ここからの情報が滞れば、避難のスタートさえ切れないわけです。

「全面緊急事態」の連絡が入ったらどのような動きになるか

情報が発出されると、連絡を受けた福岡市は、市長を長とする「災害対策本部」を設置します。対策本部は九電、国、県から必要な情報の収集にあたるとともに、放射線量を調査する「緊急時モニタリング」などを実施しながら国の機関からの指示を待ちます。それを受けてから、屋内退避なのか一時移転（指定された避難先への移転）なのかの情報が住民に対して広報されることになります。

国が方針を決めるまでどれほどの時間がかかるのか、全くわかりません。放射性プルームは福岡市に1～2時間後には到達していますから、それ以降、住民は目に見えない放射性物質を浴びながら、もしくは恐怖にさらされながら、指示を待つしかないのです。

国の方針が固まり市に指示が入ったら、市は様々な広報手段を使い、地域では広報車も動かして、住民に指示を出すとされています。屋内退避を経た後、一時避難指示となれば、玄海原発から50キロ圏内（西区・早良区と城南区の一部）の市民は、小学校区ごとにあらかじめ指定されている50キロ圏外の東区・博多区・中央区、城南区の一部の避難所（小・中学校）への避難に入ることになります。

約40万人の大移動が始まるわけですが、その際の移動手段は原則自家用車で「近隣の乗り合わせ」とされています。高齢者や障害者、病人などの避難困難者を住民の乗り合わせで網羅するのは不可能であり、行政がバスなどの手立てをとるとしていますが、その際の要員は一体誰になるのかなど、具体的な手順や体制は示されていません。病院や福祉施設で患者さんや入所者を安全に運ぶ手立てがとれるのかという点も直視しなければなりません。

福島では3・11直後、「避難すべきか」「残るべきか」ギリギリの判断を迫られた現場の実態は凄ま

第4章 未来につなげる

じいものでした。死を覚悟しつつ入院患者さんと残ったものの途中で何人も亡くなり、「無理な避難をさせたからだ」といまだに後悔し続けている医師・看護師たち。その実態を考えれば、同様の事態がこの福岡市でも起きることが想定されます。

避難経路は、都市高速、国道202号、外環状、国道3号が指定されていますが、一斉に避難すれば、大渋滞に陥ることになるでしょう。避難所となる学校体育館は125カ所、ここに約40万人の市民が避難する計画なので、一カ所あたり3000人以上の計算となり、とても入りきれません。入れない方々は野宿を強いられるのでしょうか。また、現場で受け入れる要員は、市職員なのか、それとも住民などのボランティアなのかも明確ではありません。

50キロで線を引くことの無意味さ

そもそも、50キロ圏外の住民は避難しなくて大丈夫なのか? 大丈夫という根拠はありません。福島県では50キロ圏外でも高線量なため、「特定避難勧奨地点」が設けられました。線引きそのものが意味をなさないと言わざるを得ません。

一つ一つのシミュレーションをするごとに、「非現実的」「不可能」という言葉が浮かびます。2013年5月、原子力規制庁の担当者は、日本共産党福岡市議団の政府交渉で次のように答えました。「150万市民の避難計画づくりは困難です」。これが実態です。非現実的な避難計画が、玄海原発は廃炉しかないことを訴えています。

意見陳述書（2013年3月22日）

原発なくそう！九州玄海訴訟原告　「風船プロジェクト」実行委員　遠藤百合香

はじめに

私は、玄海原発から東に80キロに位置する福岡県大野城市に在住する一児の母です。玄海原発で事故が起こったときの避難範囲に、大野城市は入っていません。九州電力のシミュレーションでも、大野城市を含めた筑紫地区には事故の被害は及ばないとされています。しかし、福島第一原発事故の被害を見る限り、そのような見通しは信じられませんでした。

自治体や電力会社の被害予測が信用できない以上、私たちが自分たちで被害範囲を調べる必要があると思い、昨年12月8日、原告の仲間とともに、玄海原発から風船を飛ばして放射性物質の飛散範囲を調べる取組みをしました。これが風船プロジェクトです。この日の様子はインターネットで配信され、日本だけでなく、外国に移住されている方々にも見てもらいました。

風船が落下した結果

風船の飛んだ範囲は添付資料のとおりです。玄海原発のそばから飛ばした1000個の風船は、西風に乗り、2時間20分後に福岡市西区で、7時間後には徳島県で発見され、四国一帯、遠くは奈良県まで飛んでいきました。私の住んでいる福岡県大野城市の上空も通過しています。昨年11月、原子力

規制委員会の放射性物質の拡散予測に九電のデータ入力ミスがあったことが報道されました。その後データは修正されましたが、この風船の落下した結果を見れば、正しく入力されたデータさえも全く信用できないと思います。

しかし、私にとって、この風船の落下した結果は意外ではありませんでした。福島第一原発事故の被害を見る限り、被害範囲がこのくらいに広がることは当たり前です。風船の落下した結果をツイッターで公開しましたが、多くのフォロワーが私と同じ感想を持っていました。みんな電力会社や自治体、国のいうことを信用していないのです。

自治体や九電への申し入れ

多くの自治体は、被害範囲を狭く想定し避難範囲を決めています。住民の安全に責任を負っている自治体は、被害範囲の予測を、慎重の上にも慎重に行うべきです。放射性物質の拡散により被害を受けるのは私達住民なのです。

私達原告は、この風船の落下範囲の結果を持って、福岡県、福岡市、佐賀県、唐津市、九州電力にも申し入れに行きました。

私は、九電への申し入れの際、被曝によるガンや病気についてどう思われるのか質問してみました。対応された九電の方は、なんと、「放射性物質とガンや病気との因果関係は認められません」と回答したのです。自分達がいかに危険極まりないものを取り扱っているという認識が無いのか、あまりにも自覚の無い発言を聞き、このような意識を持つ九電に対する不信感は更に増し、憤りを感じました。

私は、原発を再稼働する事は絶対に許してはいけない、このような企業を放置する事すら許されないと思いました。

私は2014年1月、経産省で行われた九電の値上げ申請についての公聴会でも意見陳述を行い、風船の落下した結果を伝え、原発再稼働について慎重に考えるよう意見を述べました。しかし、国や九電は互いの責任を擦り付け合うような回答しかせず、私は、九電や国は市民の命や健康よりも別の何かを優先させている、私たちの存在を軽んじていると受け止めました。

最後に

原発の問題を考えるには、専門的・科学的な知見が必要ですから、専門家の方々が中心に検討するのは当然かもしれません。しかし、事故の被害に遭うのは私たち市民です。原発の問題を考えるときに、私たち市民の意見が置き去りにされていいはずがありません。

それなのに、一部の専門家だけで被害範囲を決めてしまうようなことが堂々とまかり通っています。それも「原子力ムラ」といわれる原発推進の人たちによってです。

私は、そんな事態に少しでも抵抗し、私の子どもの命や健康は私が守ろうと、風船飛ばしのような市民運動やツイッターを通じた情報提供に取り組んでいます。私が配信する情報には常に反応があり、私達に共感してくれる人達は日々増え続けています。

裁判所にお願いします。この裁判を、一部の専門家の専門的意見を聞くだけの場にはしないで下さい。繰り返しますが、被害に遭うのは私たち市民です。私たち市民は安全で安心した暮らしを送りた

いのです。玄海原発の稼働の是非が問題となっているこの裁判において、被害を受ける市民が玄海原発の稼働に対する不安や危機感を抱いていることに、そして原発の稼働に十分な納得をしているのかについて、裁判所は強い関心を払うべきだと思います。以上で、私の意見陳述を終わります。

No Nuke, Yes Life!

あとがき

原発なくそう！九州玄海訴訟弁護団　共同代表　弁護士　板井優

風船を飛ばすことには夢とロマンがある。風に乗って風船が舞い上がりどこかに飛んでいく。どこに飛んでいくのだろうか。そのことだけでワクワクする。遠い昔、沖縄で小学生だった頃、先生に連れられて「風の又三郎」という映画を見た。又三郎が風に乗って飛んでいく、幼心の想像力をかき立てられたことを思い出す。そういえば、「となりのトトロ」でも子どもたちがネコバスで風に乗って運ばれていく。

玄海での風船プロジェクトは年4回行われ、子どもたちがたくさん集まった。この企画に参加した子どもたちは、いつまでもそれぞれの夢とロマンを忘れないだろう。

ところで、わが国の上空のはるか上では、ジェット気流が西から東にかけて吹く。東電福島第一原発から太平洋の方向である。しかし、福島第一原発事故発生時、地上付近の風は、東電福島第一原発から陸地の方向にも吹いた。その風に乗った放射性物質は飯舘村を襲った。成り行きによっては、関東を含む東日本一帯が濃厚な放射能汚染をうける可能性があったという。

福島での出来事は、放射能を含む汚染物質が、原発の立地自治体だけでなく、その外側の被害自治体にまで及ぶことを示した。これを踏まえて、各地の原発所在地から風船を飛ばして被害がどれくら

いに及ぶかを明らかにすることが行われた。その中で、福井の原発から飛ばした風船が岐阜に落ちるということが起こった。この結果に愕然としたのは、岐阜の県議会であった。福井は関西電力で、岐阜は中部電力。岐阜は立地自治体ではなく、被害自治体にすぎない。すなわち、岐阜は、一方的に被害だけを受けることになる。

風は季節によって方向が異なる。原発事故はいつ起こるか分からない。そして、高空と低空では風向きが反対側になることもある。玄海では、季節毎に年4回風船を飛ばし、偶然ともいえる結果として、高空と低空での風船の到達地を明らかにすることができた。玄海では、風船の到達地まで汚染が広がることとなり、被害自治体・住民の範囲がかなり大雑把ではあるが判明する。

玄海では、岐阜の住民たちの経験を受け継いで、玄海原発の付近から年4回風船プロジェクトを実施した。その結果、遠くは奈良県を含む関西圏、中国・四国地方にまで被害が及ぶことを明らかにし、九州では佐賀・福岡・大分ばかりか熊本の阿蘇までが汚染されることを明らかにした。この事実を明らかにした玄海での風船プロジェクトを担当したスタッフは、これをブックレットで国民に明らかにすることを考えた。ところで、全国各地の原発所在地で風船プロジェクトをして、わが国のどこでも被害自治体・住民が発生するという事実が明らかにされている。これは極めて貴重な事実である。

風船プロジェクトに参加し、このブックレットの作成に関与した多くの方々、到着した風船を届けていただいた方々に改めて敬意を表し、御礼を申し上げたい。

資料

九州電力株式会社社長宛要請書

２０１３年２月２０日

九州電力株式会社社長　瓜生　道明　殿

原発なくそう！九州玄海訴訟　風船プロジェクト

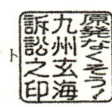

要　請　書

　福島第一原発事故は、立地自治体のみならず日本中を、世界中を放射能汚染の恐怖にさらすこととなりました。そして、放射能汚染とその濃度は風向きと地形が重要な要素であることも学びました。
　２０１２年１２月８日午後２時、九州各地の有志約１５０人が集まり、貴社の玄海原発から約１キロの距離にある外津（ほかわづ）橋近くの広場から１０００個の風船を飛ばしました。原子力規制員会が放射性物質拡散予測データを作る際、入力ミスによる再三に渡る訂正を繰り返すなど信用性がまったくないという現状に鑑みて、玄海原発で万が一事故があった際の放射線物質がどのように拡散するかを、私たち市民自ら調査するためです。
　今回の調査では、現在までに発見された１６個の風船のうち、福岡市内で１個、佐賀市、別府市各１個で、その他は四国や紀伊半島で発見されました（別紙参照）。調査結果で分かったとおり、風船の多くは海を超えて東に向かって一直線に飛んでいます。また、福岡市内（西区）で発見された風船は、飛ばされてからわずか２時間あまり後の午後４時２０分ころに確認されています。さらに、徳島県でもわずか７時間後に確認されています。
　もちろん、このような風船の飛行経路が、放射性物質の拡散経路と全く同一でないことは分かっていますが、この結果を見る限り、もし同一の気象条件下で玄海原発の事故が起これば、数時間以内に北部九州の各地が放射能に汚染され、そこにいるすべての市民が甚大な被害を受ける可能性のあることが明らかになりました。北部九州の都市の人口密集地に放射性物質が大量に降下すれば、人や物の移動にともなって汚染はさらに広範囲に拡散し、長期にわたって市民の生命と生活を根底から脅かすものとなります。
　一方、報道によれば、貴社は今年の夏にも玄海原発の運転を再開するための準備をしているとされています。玄海原発の風下にある北部九州の市民は、玄海原発が再稼働すれば、一年中危険に怯えて暮らすことになります。そういう意味で、北部九州のすべての市民は玄海原発と利害関係を有する「地元住民」であることは明らかです。
　そこで私たちは「地元住民」として、以下のことを強く要望します。下記要請事項に対する現状の貴社の見解を２０１３年３月３１日までにご回答下さい。

要　請　事　項
１、市民の生命と生活を脅かす玄海原発の再稼働をやめ、ただちに廃炉にして下さい。
２、玄海原発の廃炉作業が完了して安心できるようになるまで安全管理を徹底し、一人の被害者も出さない完全な原子力事故防災体制を構築して下さい。
３、廃炉までの間に玄海原発で事故が発生した際は、どんな些細な事故でも隠さずに、すべて直ちに市民に公表して下さい。

この申し入れに関する問合せ・回答先
原発なくそう！九州玄海訴訟　原告団長　長谷川　照
同　風船プロジェクト実行委員会　代表　柳原　憲文（担当　田中　美由紀）
〒840-0825　佐賀市中央本町１番１０号ニュー寺元ビル３階（佐賀中央法律事務所）
TEL 0952-25-3121・FAX：0952-25-3123　E-mail：balloonpro2012@gmail.com

87 資料

福岡市長宛要請書

2013年2月20日

福岡市長　髙島　宗一郎　殿

原発なくそう！九州玄海訴訟　風船プロジェクト

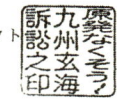

要　請　書

　福島第一原発事故は、立地自治体のみならず日本中を、世界中を放射能汚染の恐怖にさらすこととなりました。そして、放射能汚染とその濃度は風向きと地形が重要な要素であることも学びました。

　2012年12月8日午後2時、九州各地の有志約150人が集まり、九州電力玄海原子力発電所から約1キロの距離にある外津（ほかわづ）橋近くの広場から1000個の風船を飛ばしました。原子力規制委員会が放射性物質拡散予測データを作る際、入力ミスによる再三に渡る訂正を繰り返すなど信用性がまったくないという現状に鑑みて、玄海原発で万が一事故があった際の放射線物質がどのように拡散するかを、私たち市民自ら調査するためです。

　今回の調査では、現在までに発見された16個の風船のうち、福岡市内で1個、佐賀市、別府市各1個で、その他は四国や紀伊半島で発見されました（別紙参照）。調査結果で分かったとおり、風船の多くは海を超えて東に向かって一直線に飛んでいます。また、福岡市内（西区）で発見された風船は、飛ばされてからわずか2時間あまり後の午後4時20分ころに確認されています。さらに、徳島県でもわずか7時間後に確認されています。

　もちろん、このような風船の飛行経路が、放射性物質の拡散経路と全く同一でないことは分かっていますが、この結果を見る限り、もし同一の気象条件下で玄海原発の事故が起これば、数時間以内に福岡市内の各地が放射能に汚染され、市民が甚大な被害を受ける可能性のあることが明らかになりました。福岡市内の人口密集地に放射性物質が大量に降下すれば、人や物の移動にともなって汚染はさらに広範囲に拡散し、長期にわたって福岡市民の生命と生活を根底から脅かすものとなります。

　一方、報道によれば、九州電力は今年の夏にも玄海原発の運転を再開する予定であるとのことです。玄海原発の風下にある福岡市民は、玄海原発が再稼働すれば、一年中危険に怯えて暮らすことになります。そういう意味で、福岡市が玄海原発と利害関係を有する「地元自治体」であることは明らかです。

　地方自治体の役割は、住民の生命と財産を守ることであり（日本国憲法前文の「平和的生存権」参照）、その長である市長は重大な責務を負っています。そこで、私たちは玄海原発の「地元自治体」の首長である市長に対し、以下のことを強く要望します。2013年3月31日までに下記要請事項に対する福岡市としての現状の見解をご回答下さい。

要　請　事　項

1、市民の生命と生活を脅かす玄海原発の再稼働を許さず、ただちに廃炉とするよう九州電力と国に強く働きかけて下さい。
2、玄海原発の原子炉の廃炉作業が完了して安心できるようになるまで、上空の気流の実態を踏まえた原子力事故防災体制を構築し、市民への啓発を徹底して下さい。
3、「脱核エネルギー宣言」を表明し、核エネルギーに依存しない市政の実現に向けた取り組みを始めてください。

この申し入れに関する問合せ・回答先
原発なくそう！九州玄海訴訟　原告団長　長谷川　照
同　風船プロジェクト実行委員会　代表　柳原　憲文（担当　田中　美由紀）
〒840-0825　佐賀市中央本町1番10号ニュー寺元ビル3階（佐賀中央法律事務所）
TEL 0952-25-3121・FAX：0952-25-3123　E-mail：balloonpro2012@gmail.com

佐賀県知事宛要請書

2013年3月6日

佐賀県知事　古川　康　殿

原発なくそう！九州玄海訴訟　風船プロジェクト

要　請　書

　福島第一原発事故は、立地県のみならず日本中を、世界中を放射能汚染の恐怖にさらしました。そして、放射能汚染とその濃度は風向きと地形が重要な要素であることも明らかになりました。
　２０１２年１２月８日午後２時、九州各地の有志約１５０人が集まり、九州電力玄海原子力発電所から約１キロの距離にある外津（ほかわづ）橋近くの広場から１０００個の風船を飛ばしました。原子力規制員会が放射性物質拡散予測データを作る際、入力ミスにより再三にわたる訂正を繰り返すなど信用性がまったくないという現状に鑑みて、玄海原発で万が一事故があった際に放射性物質がどのように拡散するかを、私たち県民自ら調査するためです。
　今回の調査では、現在までに発見された１７個の風船のうち、福岡市内で１個、佐賀市、別府市各１個で、その他は四国や紀伊半島で発見されました（別紙参照）。調査結果で分かったとおり、風船の多くは海を超えて東に向かって一直線に飛んでいます。また、福岡市内（西区）で発見された風船は、飛ばされてからわずか２時間あまり後の午後４時２０分ころに確認されています。さらに、徳島県でもわずか７時間後に確認されています。
　このような風船の飛行経路と放射性物質の拡散経路とは全く同一ではないかもしれません。しかし、この結果を見る限り、もし同一の気象条件下で玄海原発の事故が起これば、１、２時間以内に佐賀県内の各地が放射能に汚染され、県民が甚大な被害を受ける可能性のあることが明らかになりました。風船の飛行速度から考えれば、仮に事故が起きた場合、県民が避難することは不可能です。しかも、風向きは季節や気象条件によって変わりますから、事前に実効的な防災対策を行うことも不可能です。実際に、佐賀県では２０１１年１１月２０日に原子力防災訓練が行われましたが、同日の風向きは北北西で、多久、小城方面に風が吹いていました。ところが、避難受入れ施設は小城、多久地区に設置されているという有様でした。事前に準備されている避難訓練でさえ県民の命と健康を守ることができなかったといえますから、現実に事故が発生した場合の混乱ぶりはいかほどのものか、大変な危惧を抱かざるを得ません。
　一方、報道によれば、九州電力は年内にも玄海原発の運転を再開する予定であるとのことです。佐賀県民は、玄海原発が再稼働すれば、一年中危険に怯えて暮らすことになります。
　地方自治体の役割は、住民の生命と財産を守ることであり（日本国憲法前文の「平和的生存権」参照）、その長である知事は重大な責務を負っています。そこで、私たちは玄海原発の地元自治体の首長である知事に対し、以下のことを強く要請します。平成２５年３月３１日までに下記要請事項に対する佐賀県としての現状の見解をご回答下さい。

要　請　事　項

1、県民の生命と財産を脅かす九州電力玄海原子力発電所の再稼働を許さず、廃炉とするよう九州電力及び国に対して強く働きかけを行って下さい。
2、九州電力玄海原子力発電所の原子炉の廃炉作業が完了して安心できるようになるまで、上空の気流の実態を踏まえた原子力事故防災体制を構築し、県民への啓発を徹底して下さい。
3、「脱核エネルギー宣言」を表明し、核エネルギーに依存しない県政の実現に向けた取り組みを始めてください。

この申し入れに関する問合せ・回答先
原発なくそう！九州玄海訴訟　原告団長　長谷川　照
　　　同　　　風船プロジェクト　代表　柳原　憲文（担当　田中　美由紀）
　　　〒840-0825　佐賀市中央本町１番１０号ニュー寺元ビル３階（佐賀中央法律事務所）
　　　TEL 0952-25-3121・FAX：0952-25-3123　E-mail：balloonpro2012@gmail.com

89　資　料

福岡市長からの回答

```
2013年 3月28日 16時07分    福岡市市民局防災危機管理課                    NO.3268   P.2
```

○要請書に対する回答

要請事項1
　市民の生命と生活を脅かす玄海原発の再稼働を許さず、ただちに廃炉とするよう九州電力と国に強く働きかけて下さい。

【回答】
　原子力発電は、国家の基盤であるエネルギー政策の中で推進されてきたものであり、その安全確保は国の重要な責務であると考えております。
　再稼働や廃炉につきましても、監督官庁であり、かつ、安全性判断に高度な能力を持つ国が責任を持って決定するべきものでありますが、現在、国において、原子力発電所の新安全基準の策定や原子力災害対策指針の改正など、様々な安全を確保するための検討が進められており、今後、個々の原子力発電所の安全審査なども行われることとなっておりますので、その経過を注視していきたいと考えております。

要請事項2
　玄海原発の原子炉の廃炉作業が完了して安心できるようになるまで、上空の気流の実態を踏まえた原子力事故防災体制を構築し、市民への啓発を徹底して下さい。

【回答】
　福島第一原子力発電所事故の状況並びに国の原子力災害対策指針の改正等を踏まえ、玄海原子力発電所からおよそ40kmから60kmに位置する本市において、「放射性物質を含んだプルーム通過時の被ばくを避けるための防護措置を実施する地域（いわゆるPPA）」に入ることを想定し、福岡市地域防災計画の原子力災害対策編を6月までに策定することとしており、今後も、市民の安全と安心を守るため、福岡県や近隣自治体との連携も深めながら、情報収集・伝達体制や避難計画の整備、啓発の推進など、対策の充実を図ってまいります。

要請事項3
　「脱核エネルギー宣言」を表明し、核エネルギーに依存しない市政の実現に向けた取り組みを始めてください。

【回答】
　エネルギーの安定供給につきましては、原子力や火力など大規模集中型発電への依存から脱却し、自律分散型のエネルギー供給システムへの転換をめざしていくことが必要であると考えております。
　国家の基盤であるエネルギー政策については、国が責任を持って決定するべきものと考えておりますが、福岡市におきましては、再生可能エネルギーの普及拡大や省エネルギー対策を推進してまいります。

佐賀県知事からの回答

「要請書」に対する回答

要 請 事 項

> 1、県民の生命と財産を脅かす九州電力玄海原子力発電所の再稼働を許さず、廃炉とするよう九州電力及び国に対して強く働きかけを行ってください。

【回答】
　原子力発電所の再稼働については、安全性が確認されることが大前提であり、その安全性については、基本的には国がしっかりと審査、判断をし、そのことを国民にきちんと説明し、理解をしていただくことが必要であると考えています。
　現在、原子力規制委員会において、新たな安全基準が策定されているところであり、現時点では、国において新たな安全基準や審査方針がまだ策定されておらず、県としては、今後、どのような審査が行われ、どのような手続きで進められるのか注目したいと考えているところであり、県として玄海原子力発電所の再稼働について言及する段階にはないと考えています。
　なお、原子力政策を含むエネルギー政策については、すぐれて国家の根幹にかかわる問題であり、国においてしっかりと方針を定め、その方針に沿った具体的な取組を行っていくべきものと考えています。

> 2、九州電力玄海原子力発電所の原子炉の廃炉作業が完了して安心できるようになるまで、上空の気流の実態を踏まえた原子力事故防災体制を構築し、県民への啓発を徹底してください。

【回答】
　原子力災害対策に関する地域防災計画は、法令により、国の防災基本計画及び原子力災害対策指針に基づき作成及び修正することとされ、中でも専門的・技術的事項については、国の防災基本計画において、原子力災害対策指針によることとされています。県においては、3月26日にこれらに基づき地域防災計画の修正を行ったところです。なお、原子力災害対策指針では、主に「予防的防護措置を準備する区域（PAZ）」において原子力施設の状況に応じて防護措置をとるとともに、主に「緊急時防護措置を準備する区域（UPZ）」において、緊急時モニタリングの結果から、一定以上の空間放射線量等が確認された地域で防護措置を取ることとされているところです。
　また、県民に対しては、県ホームページへの情報掲載や、避難に際しての心構え等を記載した「原子力防災のてびき」の県内全市町の全世帯への配布のほか、原子力防災訓練への参加を通じて災害時の対応を理解していただくなど、周知を図ってきているところです。
　今後も、地域防災計画について、国の防災基本計画や原子力災害対策指針の修正の反映や、原子力防災訓練の実施等によるPDCAサイクルに則った修正を図るとともに、

県民の皆様への周知を図るなど、災害対策全体として実効性が上がるものとなるよう、継続的に取り組んでいきたいと考えています。

> 3、「脱核エネルギー宣言」を表明し、核エネルギーに依存しない県政の実現に向けた取り組みを始めてください。

【回答】
　県では、平成23年10月に作成した「佐賀県総合計画2011」において、グリーン・エネルギー社会の実現を目指し、
　・省資源、省エネルギーの推進
　・太陽光王国「佐賀」の実現
　・再生可能エネルギー等関連産業の集積

という3つの取組方針を掲げており、10年連続普及率日本一である住宅用太陽光発電をはじめとする太陽光発電、小水力発電の実証実験に対する支援、海洋再生可能エネルギー実用化に向け全国に先駆けた取組など、再生可能エネルギー普及促進を図っています。

　今後は、新たな国のエネルギー基本計画策定の動向をにらみつつ、県の総合計画に掲げる取組方針に基づいて、再生可能エネルギーの加速度的な普及を図っていきたいと考えています。

福岡県からの回答

平成25年4月11日

原発なくそう！九州玄海訴訟風船プロジェクト実行委員会　殿

福岡県総務部防災危機管理局防災企画課

原発なくそう！九州玄海訴訟風船プロジェクト実行委員会の要請について（回答）

このことについて、下記のとおり回答します。

記

1　原子力発電所の安全性については、国が責任を持って確認し、国民に十分な説明を行って理解を得ることが基本であると考えており、今後とも、国において適切な対応が取られるよう、必要な働きかけを行っていく。

2　放射性物質の拡散は気象条件や地形の影響を受けることから、防災対策の実施に当たっては、放射線量の実測値等を踏まえ、柔軟に対応することとしている。
　　このため、モニタリングポストを13台設置し、放射線量を常時監視しており、緊急時には、監視頻度を引き上げて、監視体制の強化を図る。
　　さらに、県内各地に配備したサーベイメータにより機動的かつ柔軟に緊急時モニタリングを行い、県内全域の放射線量を把握する。
　　なお、「ふくおか放射線・放射能情報サイト」を開設しており、近隣各県の平常時におけるモニタリングデータを確認できるようにすることで、県民への啓発にも努めている。

3　エネルギーは国の根幹にかかわる問題であるので、中長期的な原子力発電所の位置付けについては、政府において、将来の具体的な電源構成のあり方や、その実現に向けた方策などについて、安全性の確保、資源の確保、経済性、国民の負担、わが国の国際競争力や地球環境への影響などを、総合的に検討して結論を出すべきである。

資料

唐津市長からの回答

唐企広第983号
平成25年3月29日

原発なくそう！九州玄海訴訟
原告団長　長谷川　照　様

唐津市長　坂井　俊之　[印：唐津市長之印]

玄海原子力発電所に関する要望について（回答）

　時下ますますご清祥のこととお喜び申し上げます。日頃より本市行政の推進にご協力いただき厚くお礼申し上げます。
　平成25年3月7日受付の標記要望につきまして、次のとおり回答いたします。
　市政を円滑に推進するためには、皆様のご理解とご協力が不可欠でございますので、今後とも本市行政の発展のため、より一層のご協力をお願い申し上げます。

1　要望内容と回答

（1）市民の生命と財産を脅かす九州電力玄海原子力発電所の再稼働を許さず、廃炉とするよう九州電力及び国と佐賀県に対して強く働きかけを行ってください。
（回答）
　玄海原子力発電所の再稼働については、原子力規制委員会が原子力発電所の安全性を確保するための新たな安全基準を策定し、安全性を判断するとしており、再稼働の是非判断は、原子力規制委員会の見解を踏まえ、政府が地元の理解、電力供給状況を総合的に勘案の上、最終判断されるものと理解しております。
　いずれにしても市としては、これらの一連の動きを注視して行く必要があると思われますが、市議会とともに市民の安全・安心の確保のため、国に対してしっかりとした安全性確認を求めるとともに、分かり易く丁寧な説明をされるよう、国、県、事業者に対して求めていきたいと考えております。
〔担当課：総務部　危機管理防災課〕

（2）九州電力玄海原子力発電所の原子炉の廃炉作業が完了して安心できるようになるまで、上空の気流の実態を踏まえた原子力事故防災体制を構築し、市民への啓発を徹底してください。
（回答）
　原子力防災対策については、国においても福島第一原子力発電所における原子力災害からの教訓及び国際的な考え方を踏まえ、原子力災害対策指針の見直しがなさ

れ、また、今なお検討がなされております。
　市としましても、原子力災害対策指針の見直し等に基づく国・県の計画に準じ、唐津市地域防災計画の見直しを図っていくとともに市民の啓発に努めて行きたいと考えております。

〔担当課：総務部　危機管理防災課〕

（３）「脱核エネルギー宣言」を表明し、核エネルギーに依存しない市政の実現に向けた取り組みを始めてください。

（回答）
　本市は昨年６月に「唐津市再生可能エネルギーの導入等による低炭素社会づくりの推進に関する条例」を策定し、再生可能エネルギーの取り組みを進めています。また、平成２５年度には再生可能エネルギーに関する総合計画を策定し、具体的な取り組みを盛り込んでいくこととしており、再生可能エネルギーの導入等に努めていきます。
　なお、脱核エネルギー宣言については、現在、検討していません。

〔担当課：企画経営部　企画政策課〕

兵庫県淡路市議会　第47回定例会　鎌塚聡議員の一般質問
2013年6月4日

○1番（鎌塚　聡）　次に、3番目の、脱原発を目指す首長会議について、再度、市長の御認識を伺いたいと思っております。この件につきましては、私一般質問をさせていただきました。その際、エネルギー供給や経済面での観点から、より安全性を限りなく高めることが求められる喫緊の現実的な課題という認識を示されておりました。

市長会3市足並みを揃えるといったことも一つに言われておりましたが、これまで行政が防災計画上も想定していた市民への周知が十分だったかというと、なかなか原発に関するとか、放射性物質の原子力事故災害予防対策の推進が言われるのはなかなか市民の人も知らないのが現状ではないかというふうな中で、やっぱり今回の県のシミュレーションや、ちょっとまたパネルをまたお見せしますけども、これ原発そうそう九州玄海訴訟風船プロジェクト実行委員会が、玄海原発周辺から風船を飛ばしたら、7時間で徳島県の403キロメートル地点に達しているという、これ玄海がここですね、7時間後にこれだけ動いたという、こういうものでありますけれども、あくまでこれは風船でありますけれども、放射能というのは風に乗ってどういうふうな飛び方するのか、それはわかりませんけれども、風船ですらこういう飛び方をするということは、届く可能性がゼロではないと言えるかと思いますね。さらにここ伊方原発ここですね。愛媛県のここからだと、これだけの距離が徳島まで403キロ飛ぶわけですよね。この長さ。ここからこうなってくると、当然関西圏も含まれてくるというのはわかると思います。

これを、これは昨年12月8日に実施されておりますね。もう一つ、これ第2弾として、先の4月14日、また14時ごろに風船を多くはらったらこういう方向へ飛んだという。勿論この風の向き等々ありますけれども、いかなる方向へも風向きによっては飛んでいくということがこれもわかると思います。

脱原発を目指す首長会議のほうにちょっと質問移っていきたいんですけども、この規約にね、目的、第1条、脱原発を目指す首長会議は、住民の

生命財産を守る首長の責務を自覚し、安全な社会を実現するため、原子力発電所をなくすことを目的とする。当会、この首長会議ですね。脱原発社会を目指す基礎自治体の町、元職も含むで組織する。脱原発社会のために以下の方向性を目指すと、二つのことが書いてあります。

2項目が、できるだけ早期に原発をゼロにする新しい方向性を持ち他方面へ働きかけるといった内容になっております。が、再度市長の見解を伺っていきたいと思いますが、いかがでしょうか。

○議長（岡田勝一）　市長、門　康彦君。

○市長（門　康彦）　私が言うまでもなく、デフレ政策の基本は、これはまず国が国家的課題として取り組むべき政策と考えています。というよりも、これは一般的なことではないかなと思っています。

我が国の経済を維持するためには、国難とも言える震災から復興を早期に、そして現実に進めていくためには、原発撤退を論じる以上に、今回の震災による原発事故を徹底的に検証し、改めるべき点を明確にし、より安全性を限りなく高めることが求められる喫緊の現実的なものの課題と認識しているという意見もあります。

いずれにしましても、今現在この脱原発を目指す首長会議というのがありますけども、県内においては、41のうち、まだわずか6市町であります。島内はゼロという状況になっております。

全世界において、唯一の被爆国である日本。この日本においてやっぱり統一した見解というふうなもので、こういうことは望むべきではないかなと思っておりますが、私の今の意見では、A市が×、B市が○、C市が△というような、そういう議論の筋合いのものではないというのがこれはこの原発の問題ではないかなと思っております。以上です。

○議長（岡田勝一）　鎌塚　聡君。

○1番（鎌塚　聡）　2011年3月11日以降ですね、2011年12月16日に原発事故終息宣言を前の野田政権がしたわけですが、国民の多くは終息したとは思っておりません。安倍首相ですら、先の3月13日の衆議院予

算委員会で、終息と言える状況にはないと述べてはいますが、終息宣言を撤回するとは言っておられません。これは直ちに撤回すべきだと私は思っておりますが、そうは言わない。福島原発の増え続ける汚染水の行き場もなく、ネズミ1匹で停電し、冷温機能も保てないこともあったわけです。それなのに、原発輸出を、日本でつくれへんから、海外へ輸出しようという安倍自民党であります。

先月、5月23日には、原発ではないですが、茨城県の東海村、素粒子実験施設での放射性物質漏れによる作業員の被ばく、もんじゅの点検漏れのことなどもありました。

毎週金曜日に官邸前、国会前、経産省前、自民党本部前、各地方においても、電力会社前での再稼働反対などの原発要らないの抗議行動が続いているわけであります。

一昨日の6月2日、6・2ノーニュークスデイには、東京明治公園に1万8000人、国会周辺に6万人が集まり、原発要らないの思いを集結させております。

淡路島でも、平和団体が福島の復興と脱原発を訴える集会やデモも行われております。

淡路3市長もメッセージを寄せていただいているのではないでしょうか。先ほど、市長の答弁では、いろんな経済維持、そういうような御意見もあって、統一してAが○、Bが△、Cが×というような話ではないようなことはされておりましたけれども、やっぱりこういう原発要らないというような声を大きくしていかなければ、結果として、住民の安心安全を守れないというようなことが今日、私述べた話であります。先程も言われたような、経済的な話をされましたけれども、原発容認という話では、また安全基準をつくって、それに合致していたら、それも新しい安全神話をつくっていると言わざるを得ない。昨年の9月の質問のときでは、9・8％の参加率と市長も答弁されておりました。それは、先程は言われませんでしたけれども、全国でもそのときは31人、たった1・8％と言っていたように覚えておりますけれども、今では全国では84名、元職を含めてですけれども、4月24日現在ではそういう状況でありますし、市長が先ほど言われたように、4名から6名も加わって、9・8％だったものが14・6％、西市の西村市長、明石市泉市長が加わって、若干ですけれども上がっておりますけれども、これがですね、50％になったら

乗っていくんだというような話でなしに、ういうのに入っていって勉強してもらわないと、先程このこう首長会議の中で言われている住民の生命財産を守る首長の脱原発を目指す首長会議の中で言われている住民の生命財産を守る首長の責務ですよね。そこをやっぱり広げていくという運動につなげていかないと、結局また安全神話にどっぷりという話になるわけですよ。だから、やはりこういうのに入っていって、そういう認識を先程も言われましたけれども、北播磨の会、これは内容違いますけど、そういうときに内容とか、いろんな話しされると思いますね。これ以外の話も当然されるかもしれませんけれども、そういうところで脱原発を目指す首長会議なんかを広げていくということも可能なわけですから、是非、これはですね、住民の安心安全、将来の子供たちに未来を残すという意味でも、やはり今の住民の決断が必要だと思いますけれども、もう一度伺いますが、いかがですか。

○議長（岡田勝一）　市長、門　康彦君。

○市長（門　康彦）　先程の発言の中で、経済的云々の話は一切してません。経済なんて言ってませんので、もし聞き間違いであれば、それだけはしてませんから。経済なんて言ってませんので、もし、私の発音が悪かったのかもわかりませんけれども、いずれにしましても、今の我々が学んできた中でのいわゆる原発問題に関しては、非常に問題点があるということはもう既にもう認知の衆知の事実であります。

ただ、私が言っているのは、その手法であって、なぜ41市町もある中で、わずか6市町しか動いてないかという、そこに問題があるわけであって、当然ですね、県においては、市長会議もありますし、近々においても、そういう市長の会議があるわけであります。その中でも色々と議論があるわけです。

それを統一していく中で、まさに全員でもって一致をして事に当たるというのはこういう種類の話題ではないかなと思っております。同じ仲間同士、対外的に向かって言うべき言葉を、日本の国内において意見統一ができないようなものであってはならないので、それが私の意見であります。今、まだそういう時期が来てないので、10％とか50％とかいうことで言っているのではございません。一定の共通の認識が出来れば、当然、動いていくということではないかなと思っています。以上です。

97　資　料

風船プロジェクト年表

2011 年	3 月 11 日	東日本大震災。福島第一原発事故
	9 月 28 日	「原発なくそう！九州玄海訴訟」準備会結成
	10 月 23 日	佐賀での市民集会で訴訟の原告募集開始
2012 年	1 月 31 日	「原発なくそう！九州玄海訴訟」第 1 陣提訴（1704 名）
	3 月 12 日	同訴訟第 2 陣提訴（1370 名）　原告総数 3074 名
	5 月 30 日	同訴訟第 3 陣提訴（1178 名）　原告総数 4252 名
	6 月 15 日	同訴訟第 1 回口頭弁論
	8 月 31 日	同訴訟第 4 陣提訴（671 名）　原告総数 4923 名
	9 月 21 日	同訴訟第 2 回口頭弁論、「佐賀・玄海から風船を飛ばそう！」A5 判チラシを配布
	9 月 27 日	さよなら原発ぎふ「原発からの風船風向き調査応援プロジェクト」助成金申請
	10 月 2 日	メーリングリスト、ホームページ、facebook、twitter を相次いで立ち上げ
	10 月 20 日	中央区原告の会にて「風船プロジェクト」紹介
	10 月 29 日	さよなら原発ぎふ「原発からの風船風向き調査応援プロジェクト」が申請を受理
	10 月 30 日	さよなら原発ぎふより助成金 5 万円が振り込まれる
	11 月 4 日	第 1 弾会場外津橋付近（玄海町）の現地下見、「玄海原発プルサーマル裁判の会」へ申し入れ
	11 月 7 日	第 1 弾第 1 回実行委員会（計 8 回開催）
	11 月 11 日	「さよなら！原発 11・11 福岡集会（冷泉公園）」で風船を配って宣伝、ステージで参加呼びかけ
	12 月 2 日	「玄海原発みんなで止める！12・2 大集会（佐賀県駅北館）」のステージで参加呼びかけ
	12 月 7 日	同訴訟第 3 回口頭弁論（原告・片山恭一さん意見陳述）
	12 月 8 日	風船プロジェクト第 1 弾（玄海町外津橋）　150 名参加
	12 月 20 日	同訴訟第 5 陣提訴（570 名）　原告総数 5493 名
2013 年	1 月 15 日	第 2 弾第 1 回実行委員会（準備会）（計 8 回開催）
	2 月 20 日	福岡県・福岡市・九州電力へ要請、福岡県庁で記者会見。福岡市中央区天神で第 1 弾結果チラシ配布
	3 月 6 日	佐賀県へ要請、佐賀県庁で記者会見
	3 月 7 日	唐津市へ要請
	3 月 10 日	「3・10 伊方原発をとめる愛媛集会」（松山市）に原告・弁護士ら 3 名代表派遣
	3 月 22 日	同訴訟第 4 回口頭弁論（原告・遠藤百合香さん意見陳述）
	4 月 12 日	同訴訟第 6 陣提訴（604 名）　原告総数 6097 名
	4 月 14 日	風船プロジェクト第 2 弾（玄海町外津橋）　250 名参加
	5 月 20 日	九州電力との交渉
	5 月 21 日	第 3 弾第 1 回実行委員会（計 6 回開催）
	5 月 31 日	同訴訟第 5 回口頭弁論
	6 月 5 日	「川内原発・玄海原発再稼働阻止全九州統一行動」に参加、九州電力に要請
	6 月 16 日	第 3 弾会場波戸岬海浜公園海のトリム（唐津市）の現地調査
	7 月 8 日	九州電力の再稼働申請に対する抗議と要請行動
	7 月 28 日	風船プロジェクト第 3 弾（波戸岬海浜公園海のトリム）　250 名参加 原発なくそう！九州川内訴訟かごしま「風船とばそう」プロジェクト（鹿児島県薩摩川内市久見崎海岸）と同時リリース。九州玄海訴訟原告団から長谷川照団長と同弁護団東島浩幸幹事長を派遣
	8 月 9 日	同訴訟第 7 陣提訴（654 名）　原告総数 6751 名
	9 月 4 日	第 4 弾第 1 回実行委員会（計 6 回開催）
	9 月 27 日	同訴訟第 6 回口頭弁論
	10 月 27 日	風船プロジェクト第 4 弾（波戸岬海浜公園海のトリム）　300 名参加
	11 月 21 日	同訴訟第 8 陣提訴（386 名）　海外在住の外国人（韓国）初参加　原告総数 7137 名
	12 月 10 日	同訴訟第 7 回口頭弁論
2014 年	1 月 23 日	風船プロジェクト実行委員会（以降 6 回開催）　ブックレット編集委員を選出
	2 月 4 日	第 1 回ブックレット編集委員会（計 7 回開催）
	2 月 27 日	同訴訟第 9 陣提訴（351 名）　原告総数 7488 名
	3 月 28 日	同訴訟第 8 回口頭弁論
	6 月 1 日	ブックレット発刊

NEWS & REPORT スクラップ帳

2012年12月9日　朝日新聞

2012年12月9日　佐賀新聞

2013年3月6日　サガテレビ

2013年2月16日　朝日新聞

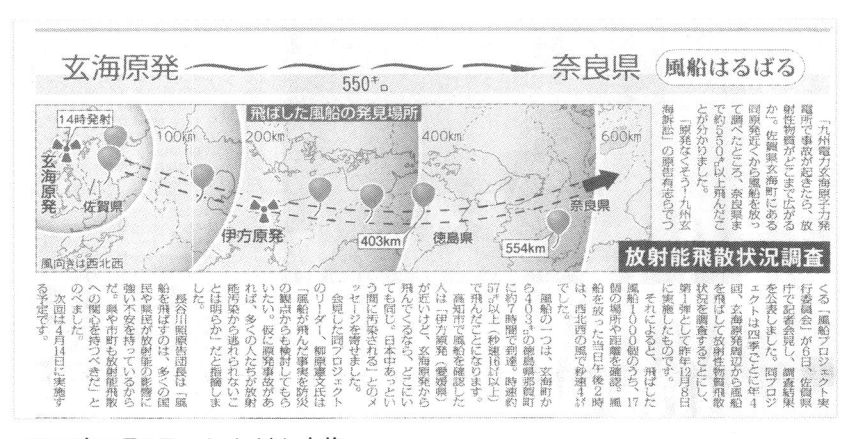

2013年3月9日　しんぶん赤旗

99 資料

2013年4月18日　西日本新聞

2013年3月6日　佐賀新聞

2013年7月29日　しんぶん赤旗

2013年10月28日　佐賀新聞

2013年10月27日　サガテレビ

協賛：
アーサー・ビナード（詩人）　池永早苗　原発なくそう！九州玄海訴訟原告の会「いとしまの会」　いとしま法律事務所　大橋法律事務所　からたち法律事務所　北九州第一法律事務所　木村公一＆おっちょ　九州LOVERS　菜の花プロジェクト　熊本県民主医療機関連合会　熊本さくら法律事務所　熊本中央法律事務所　久留米第一法律事務所　久留米民主商工会　憲法劇団ひまわり一座　玄米食おひさま　玄海原発対策住民会議　玄海原発プルサーマル裁判の会　神野診療所　佐賀駅前法律事務所　佐賀県医療生活協同組合　佐賀中央法律事務所　有限会社佐賀保健企画　さよなら原発・ぎふ　株式会社さららいと「雷山の水」　敷金診断士藤和事務所　原発なくそう！九州玄海訴訟原告の会「しこふむ会」　不知火合同法律事務所　新日本婦人の会佐賀県本部　新日本婦人の会福岡県本部　多久生協クリニック　ちくし法律事務所　筑豊合同法律事務所　原発なくそう！中央区の会　デイサービスやまもと　手作り製本機の「ブナぶな考房」　中山知康法律事務所　虹の薬局　半田法律事務所　ぴーすなう法律事務所　福岡県民主医療機関連合会　福岡第一法律事務所　福岡東部法律事務所　福岡の貝・ハンナ＆マイケル　福岡南法律事務所　弁護士法人奔流　満岡内科消化器科医院　緑の大地と青い地球を守る会　宗像・福津・古賀・新宮地区母親大会実行委員会　山口内科クリニック　山本社会保険労務士事務所ＩＢオフィス　雷山の森有志の会　ラブ・アンド・ピース

使用素材データ：
　　風　船／第１弾　ベルバルバルーン（BELBAL社）　１００％生分解性の天然ゴム素材
　　　　　　　第２・３弾　エコロヴィー風船（エコロヴィーバルーン合同会社）
　　　　　　　　　　　　　生分解性プラスチック素材
　　　　　　　第４弾　紙風船（株式会社ヘイワ原紙）
　　　　　　　　　　　国際環境NGO「GREENPEACE」が２０１２年４月５日の大飯原発周辺からの風船飛ばしで使用。

　　カード／第１弾は撥水紙「ウォーターリペント」（株式会社長門屋商店）
　　　　　　第２弾以降は国内産竹間伐材１００％「竹紙１００％Ａ４用紙」（協業組合ユニカラー）

販売グッズ：第１弾　缶バッチ３種類　　　第２弾　缶バッチ２種類、ストラップ１種類
　　　　　　第３弾　マフラータオル２種類（青・ピンク）
　　　　　　第４弾　クリアファイル、エコバック２種類（黒・生成り）

サヨナラからはじまる未来。

る．

　原発事故により環境中に放出された放射性微粒子は，湿性沈着により地面に落下することがある．チェルノブイリでも福島でも，高線量に放射能汚染された地域は，このような湿性沈着により作られたことが知られている．

　風船プロジェクトにおいて，さまざまなところに落ちて報告された風船は，このように湿性沈着により地面に降り注いだ放射性微粒子に対応していると考えて大きな間違いはないだろう．われわれは，これらのことが目に見えない放射性微粒子の動きを目に見えるようにする試みとしての風船プロジェクトに大きな意義を与えていると考える．

　しかし同時に，風船プロジェクトでは可視化できない点があることを忘れてはいけない．

注および引用文献（HPの最終閲覧日：2014年3月27日）
[1] 以下の「風船プロジェクト」ホームページを参照．
　　http://genkai-balloonpro.jimdo.com/
[2] 三好永作，伊藤久徳，日本の科学者，**49**, 108 (2014).
[3] 国会　東京電力福島原子力発電所事故調査委員会（国会事故調）の報告書，p.167 (2012).
　　http://warp.da.ndl.go.jp/info:ndljp/pid/3856371/naiic.go.jp/
[4] コリウム・コンクリート反応とは，溶融した炉心がコンクリートに接触することによって大量の水素や二酸化炭素，一酸化炭素などが発生することをいう．詳しくは以下を参照のこと．岡本良治，中西正之，三好永作，科学 **84**, 355 (2014).
[5] J. Rudykiewicz, Tellus, **40B**, 241 (1988). J. Rudykiewicz, Tellus, **41B**, 391 (1989).
[6] H. Hass, M. Memmesheimer, H. Geiss, H. J. Jakobs, M. Laube, A. Ebel, Atmos. Environ., **24**, 673 (1990).
[7] 中原純，岡本良治，森茂康，日本の科学者，**21**, 698 (1986).
[8] JAEA公開ワークショップ「福島第一原子力発電所事故による環境放出と拡散プロセスの再構築」（平成24年3月6日）．以下のホームページを参照．
　　http://nsed.jaea.go.jp/ers/environment/envs/FukushimaWS/
[9] N. Kaneyasu, H. Ohashi, F. Suzuki, T. Okuda, F. Ikemori, Environ. Sci. Technol., **46**, 5720 (2012).
[10] 大原利眞，森野悠，田中敦，保健医療科学，**60**, 292 (2011).
[11] 実際には雨や雪の影響を考慮に入れないといけないが，それは無視している．
[12] 緯度方向にはGauss緯度というものを用いているので，正確には約1.25°と言ったほうがよい．
[13] ここでは，第2回目と第3回目風船プロジェクトにおいて発見された風船のデータを基にパラメータを決めたために，風船の飛行軌跡が第2回目風船プロジェクトのみの風船のデータを基にパラメータを決めた文献[2]とはパラメータも結果の飛行軌跡も若干異なっている．

れているので，分子拡散とよばれる．大気中では，分子運動による拡散は弱いので無視でき，もっと強い乱れた流れによる拡散が見られる．煙が空気中に広がる様子が日常的に見られるのがその例である．これは乱流拡散と呼ばれている．

放射性微粒子は乱流拡散の影響により同じ場所に放出された微粒子もどんどん周りに広がっていくことになる．風によって流されながら（これを移流という），乱流によって広く拡散される．これを併せて移流拡散と呼ぶが，これが放射性微粒子の真の運動の仕方である．

初期にはどんなに濃度の高かった放射性物質も時間とともにどんどん拡散し，濃度は薄くなっていく．上の放射性微粒子の水平方向の運動の説明はこのうち移流についてだけ説明していることになる．実際には，拡散もあることに注意が必要である．

おわりに

最後に注意すべきことを数点述べて，風船プロジェクトの意義を考えてみたい．

まず1点目は，原発の爆発により最も強く放射能に汚染されるのは，原発サイトの近くである．福島原発事故によって汚染された原発サイト周辺は，今でも放射線量が高くて住むことはできない．この点は風船プロジェクトでは，可視化することができない．ただこのことは誰でもよく知っていることであり，風船プロジェクトの狙いでもない．

2点目は，4節で述べたように，飛行シミュレーションでは拡散を考慮していないという点である．したがって，飛行シミュレーションで直線として表されている1個の風船や1個の放射性微粒子の飛行軌跡は，拡散を考えてある程度の幅をもたせたものとして考えるべきである．

この点を考慮すれば，3節で示した放射性微粒子と風船の飛行シミュレーションの水平方向の軌跡は，第3回目と第4回目の初期位置500 mの例外的な場合を除いて，おおむね重なりがあると言って間違いではないように思える．

3点目は，私たちは放射性微粒子の放出形態をあらかじめ知ることは出来ないということである．原発事故から放出される放射性微粒子がどの高度まで上昇するかは，爆発威力によって異なる．大量の水が水蒸気爆発を起こせば，放射性微粒子は数千メートルまで噴き上げられるであろうが，爆発がそれほど威力のあるものでなければ，放射性微粒子の上昇は数百メートルであるかも知れない．したがって，第3回目と第4回目の初期位置500 mの例外的な場合があるからといって，風船プロジェクトの意義を軽く見ることはできない．風船プロジェクトの重要な意義は，原発事故に際して，事と次第によっては，風船の落下した地点にまで放射性微粒子が降りてくる可能性がありますよ，という注意を一般の人々に喚起することにある．今回の飛行シミュレーションの結果はこの点を明確にした．

4点目は，風船の飛行シミュレーションの鉛直方向の動きもさまざまな実際の風船の動きの多様性を表現し切れていない点である．

現に，第1回目の風船プロジェクトで最初に風船が発見されたのは，原発サイトから約40 kmの地点である．この風船は，飛行シミュレーションからは説明できない．ヘリウムガスの脱け出しにより他の風船に比べて急速に浮力を失ったものと考えられ

3-5 飛行シミュレーションのまとめ

4回の風船プロジェクトの風船の軌跡と初期高度500mおよび3000mの放射性微粒子（粒径2μmおよび20μm）の軌跡を飛行シミュレーションにより比較した．初期高度500mは2011年3月14日の3号機の爆発と同程度の爆発規模，また，初期高度3000mは1986年4月25日のチェルノブイリでの最初の爆発と同程度の爆発規模を想定した放射性微粒子の初期位置として考慮したものである．これら計8回の飛行シミュレーション比較において明らかになった点を以下にまとめてみよう．

(1) まず，風船プロジェクトにおいて発見情報のあった場所と風船の水平の飛行軌跡はきわめて高い整合性を示した．このことは，今回の飛行シミュレーションが精度の高いものであることを保証している．

(2) 風船と放射性微粒子の飛行軌跡を比較すると，風船と放射性微粒子の鉛直方向の運動はまったく異なる．風船はひたすら上昇を続けるが，爆発により噴き上げられた放射性微粒子は，上昇気流がなければ落下するのみである．粒径2μmの微粒子は1時間で約1mしか落下しないので，長時間にわたって初期高度を保つことになる．一方，粒径20μmの微粒子は，6時間で500mほど落下するので，初期高度500mのものは6時間程度で乾性沈着することになる．2μmの微粒子は，湿性沈着を考えなければ，6時間程度では地面に落下することはない．

(3) 水平方向の運動については，多くの場合，風船と放射性微粒子は類似の運動を行う．特に，初期高度3000mの放射性微粒子の飛行軌跡は，4回のすべての飛行シミュレーションで風船の飛行軌跡とよく似た軌跡を示した．この結果は，放射性微粒子の高度が高いために，風船と放射性微粒子に影響をあたえる風が似通っていることによる．

(4) それに比べて，初期高度500mの放射性微粒子の水平方向の飛行軌跡が風船の飛行軌跡と似た軌跡を示したのは，4回の飛行シミュレーションのうち2回のみであった（第1回目と第2回目）．第3回目では，6時間後に，2μmの放射性微粒子は萩市沖の日本海上空にあり，風船は佐賀関半島の約8kmの上空にあった．また，第4回目では，放射性微粒子の水平位置は初期位置に留まったままであるが，一方，6時間後には，大分市の約20km南方上空（あるいは久住山の上空）にまで流されている．

(5) 以上から言えることは，原発事故の爆発威力が増せば増すほど，その時に放出される放射性微粒子の飛行軌跡は，風船の飛行軌跡と似た振る舞いをするということである．この点は，風船プロジェクトの意義を考えるうえで重要なことである．

4 拡散について

静止した無色の水に着色した水を滴下すると，着色した水は広がっていく．このように外からみてまったく運動がないときにも物質は広がっていく．この物質が広がっていく現象を拡散という．見方を変えれば，初めはあるところでは濃かった濃度も拡散により次第に薄くなっていく．この場合は，不規則な分子運動によって拡散が担わ

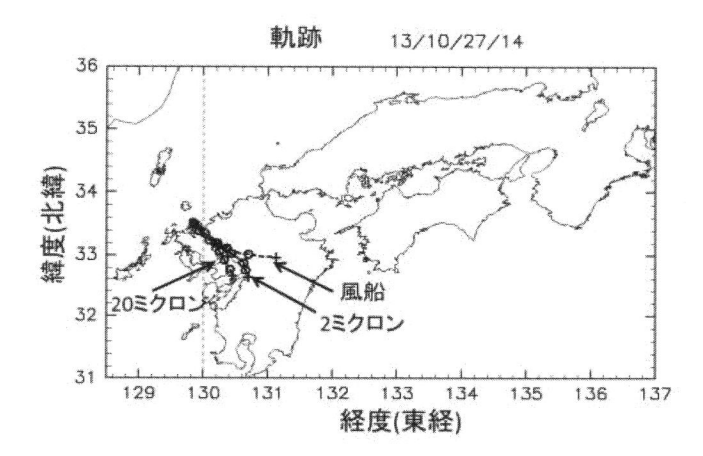

図16　放射性微粒子の初期高度が3000mであること以外は図14と同じ

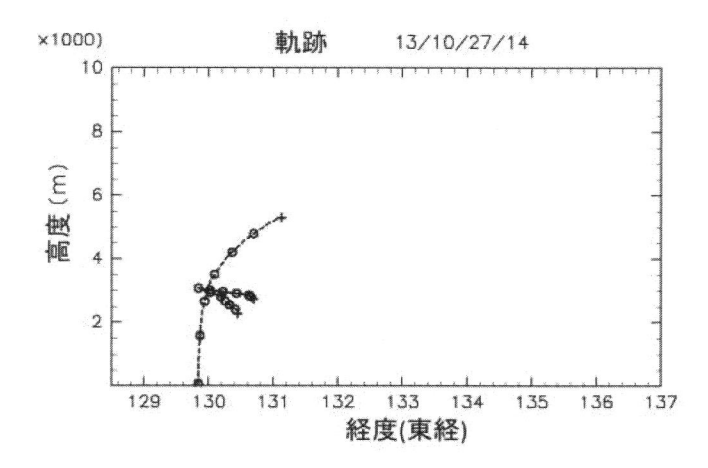

図17　放射性微粒子の初期高度が3000mであること以外は図15と同じ

特別寄稿　論文「風船と放射性微粒子」　　(19)

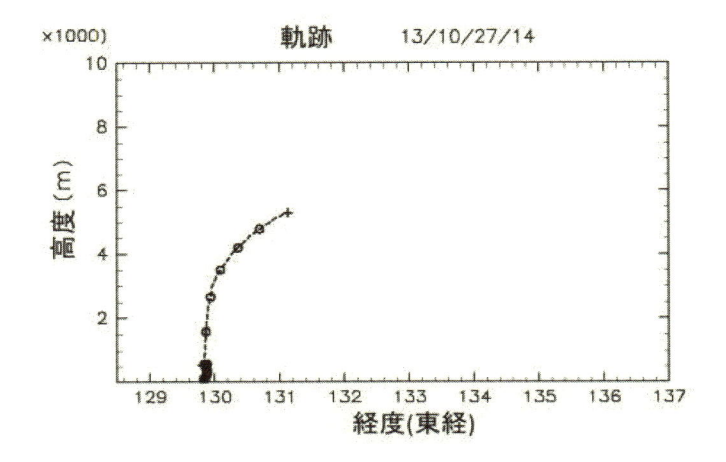

軌跡　13/10/27/14

図１５　2013年10月27日であること以外は図3と同じ

　図14と図15は，2013年10月27日14時に放球された風船と初期高度500mの放射性微粒子を6時間後までシミュレートした結果である．この日の風船は前2回とはまた異なる和紙を使ったエコ風船である．放球地点では無風で風船はしばらくほぼ垂直に上昇した．そのことが当日の風データの図1(d)でも読み取れる．しかし，風船は上昇するに従い，はじめは北西の風に影響され佐賀県南部を通過し，さらに高度を上げると優位となる西風の影響を受けて東の方に流れて，6時間後には，阿蘇山の上空にまで流されている．この飛行軌跡は，第4回風船プロジェクトの発見情報の多くが佐賀県や熊本県からのものであったことと整合的である．一方，500mにあった2μmの放射性微粒子は，ほぼそこに留まったままであり，20μmの放射性微粒子は6時間後に地上に落下している．
　図16と図17は，第4回風船プロジェクトにおける，初期高度3000mの放射性微粒子を6時間後までシミュレートした結果を風船と比較したもので，図16が水平位置，図17が経度・高度位置を示している．風船の飛行軌跡は図14，図15とまったく同じである．
　初期高度3000mにあった2μmの放射性微粒子の飛行軌跡の水平位置は，5時間後まで風船のそれとほぼ重なっている．しかし，風船はその後さらに上昇して西風の影響を強く受けるのに対して，放射性微粒子の方は落下するに従って西風の影響が弱くなり，北よりの風に流されて南の方向に流されていく．落下速度の速い20μmの放射性微粒子の方が，風船の飛行軌跡から速く離れることになっている．

(18)

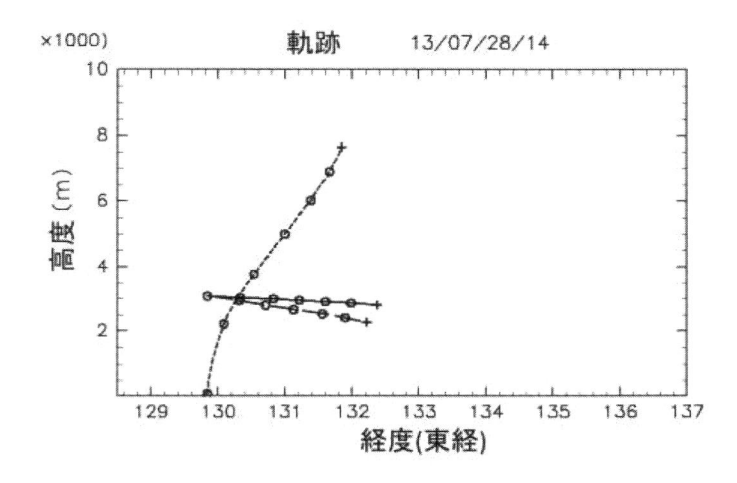

図13 放射性微粒子の初期高度が3000mであること以外は図11と同じ

3-4 第4回風船プロジェクトの飛行シミュレーション

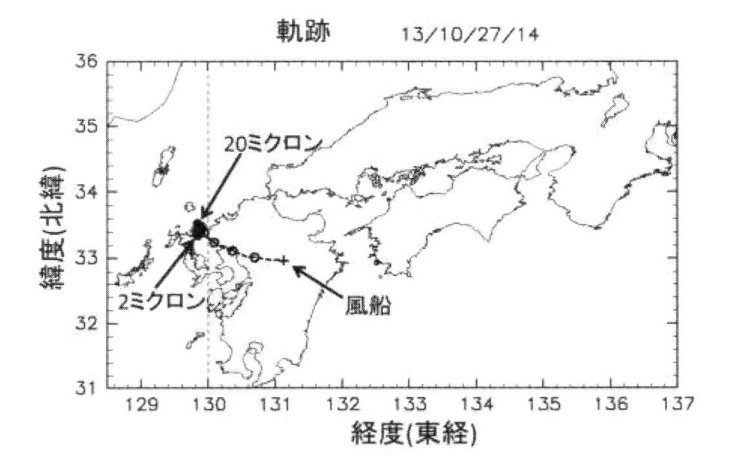

図14 2013年10月27日であること以外は図2と同じ

特別寄稿　論文「風船と放射性微粒子」　　（17）

　図10と図11は，2013年7月28日14時に放球された風船と初期高度500mの放射性微粒子を6時間後までシミュレートした結果である．第2回目と同じ風船を使っている．風船の飛行軌跡は福岡県豊前市や大分県中津市の上空を通っている．第3回風船プロジェクトの発見情報はそれらの市からのものが多く，シミュレーションはうまくいっているといえる．1時間後には2000mにまで上昇した風船は，西風に乗って東の方向に流れている．一方，放射性微粒子は，当日の風の高度・経度分布（図1(c)参照）からわかるように，東経130〜131度の高度500m以下の領域では南西からの風に乗り，北東の方向に流れている．これまでの第1回目，第2回目のシミュレーションとは異なり，初期高度500mの放射性微粒子と風船の飛行軌跡はまったく異なっているといえる．6時間後には，2μmの放射性微粒子は萩市沖の日本海上空にあり，風船は佐賀関半島の約8kmの上空にある．
　図12と図13は，第3回風船プロジェクトの風船と初期高度3000mの放射性微粒子を6時間後までシミュレートした結果で，図12が水平位置，図13が経度・高度位置を示している．風船の飛行軌跡は図10，図11とまったく同じである．
　初期高度3000m放射性微粒子の飛行軌跡の水平位置は風船のそれとほぼ重なっている．これは，低空領域の南西風の影響をどちらも受けず，3000〜6000m付近の鉛直シアーが小さい（図1(c)参照）ことに起因している．

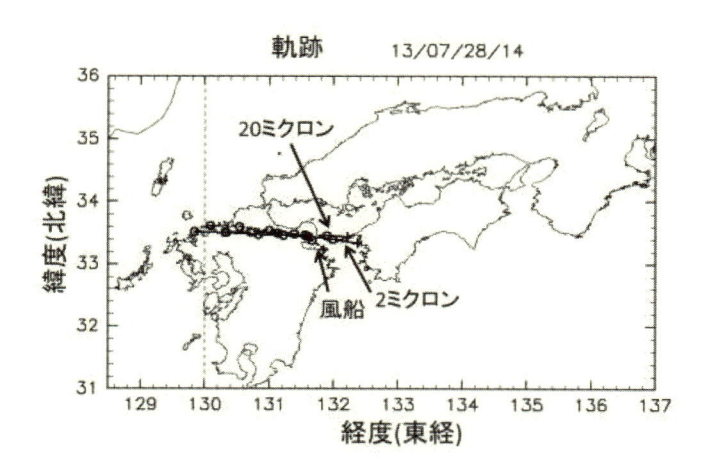

図１２　放射性微粒子の初期高度が3000mであること以外は図１０と同じ

3-3 第3回風船プロジェクトの飛行シミュレーション

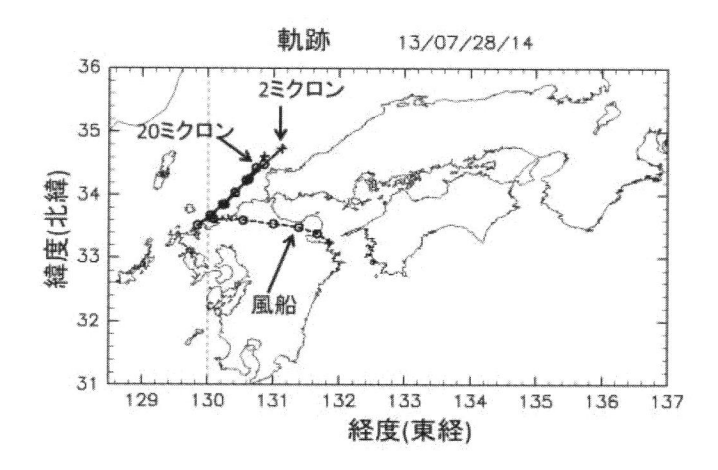

図10 2013年7月28日であること以外は図2と同じ

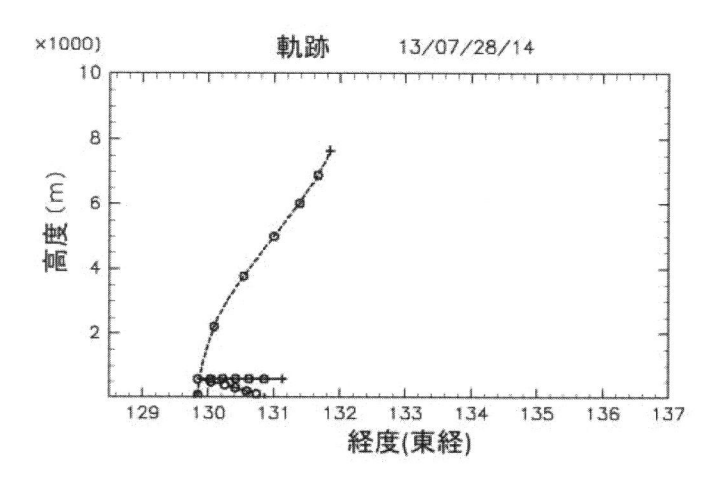

図11 2013年7月28日であること以外は図3と同じ

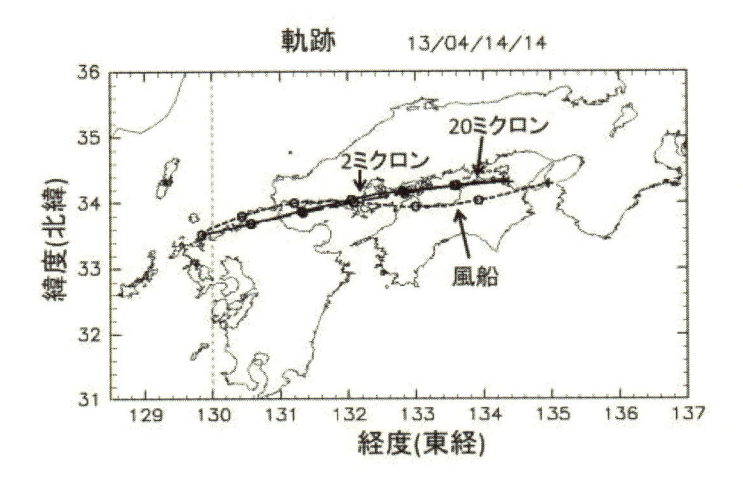

図8　放射性微粒子の初期高度が3000mであること以外は図6と同じ

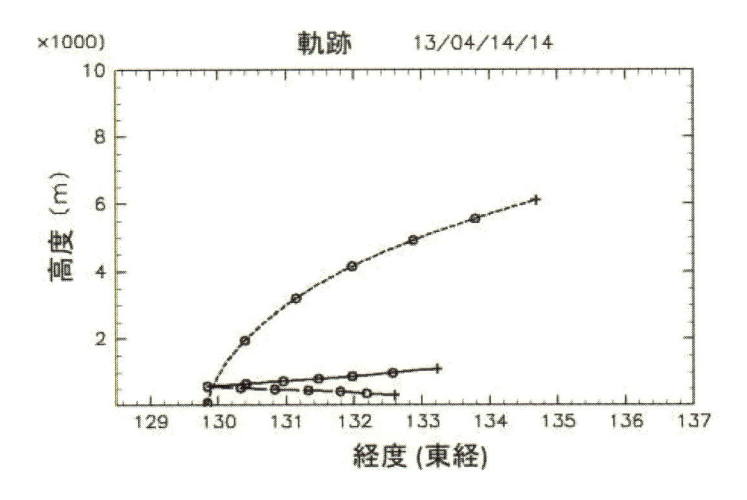

図9　放射性微粒子の初期高度が3000mであること以外は図7と同じ

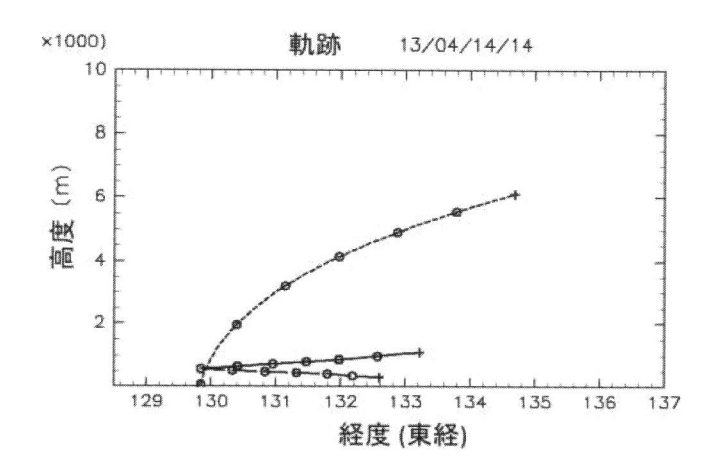

図7 2013年4月14日であること以外は図3と同じ

　図8と図9は,第2回風船プロジェクトの風船と初期高度3000 mの放射性微粒子を6時間後までシミュレートした結果で,図8が水平位置,図9が経度・高度位置を示している.風船の飛行軌跡は図6,図7とまったく同じである.
　風船と放射性微粒子の飛行軌跡の水平位置はほぼ重なっている.これは,先ほど指摘した500 m付近の低空での南風の影響をどちらも受けず,3000～6000 mあたりの鉛直シアー(上下の風速差)が小さい(図1(b)参照)ことに起因している.

3-2 第2回風船プロジェクトの飛行シミュレーション

　図6と図7は，2013年4月14日14時に放球された風船と初期高度500mの放射性微粒子を6時間後までシミュレートした結果である．第1回目との大きな違いは風船が高高度にまで到達せず，8000 m程度で頭打ちになっていることである．このように風船の違いによる上昇過程の違いは大きい．

　今回は東に進みながら，ほぼ北へ動くという飛行ルートをとっているが，南風が卓越していたことに因っている．風船は瀬戸内海に出たあたりから少し南へ行く．これは高度5～6 kmの北風（図1(b)参照）に乗ったためである．田布施町まで約3時間という拘束条件もうまく満たしており，他の発見場所もほぼ飛行ルートに乗っている．2 μmの放射性微粒子は上昇傾向を示し，20 μmの放射性微粒子は若干下降しているが，6時間後まで上空にとどまっている．今回は飛行域周辺が上昇流であったためである．

　このシミュレーションにおける風船と放射性微粒子の位置関係を見ると，2時間までは両者はかなりよく似ているが，それ以降は少し離れている．これは500 m付近の低空では10 m s^{-1}の南風があるのに対して，6～8 kmの高さでは南方からの風はほぼゼロになっていることによる（図1(b)参照）．

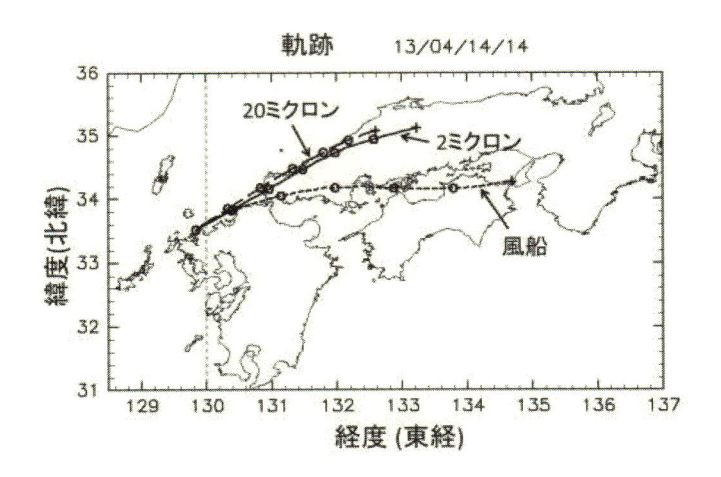

図6　2013年4月14日であること以外は図2と同じ

上空では，図1に見られるように西風は約 40 m s^{-1} と比較的強いため，放射性微粒子の飛行軌跡の水平位置は風船のそれにより近くなっている．九州内ではほぼ重なっている．また，6時間後には紀伊半島の南方海上にまで達している．

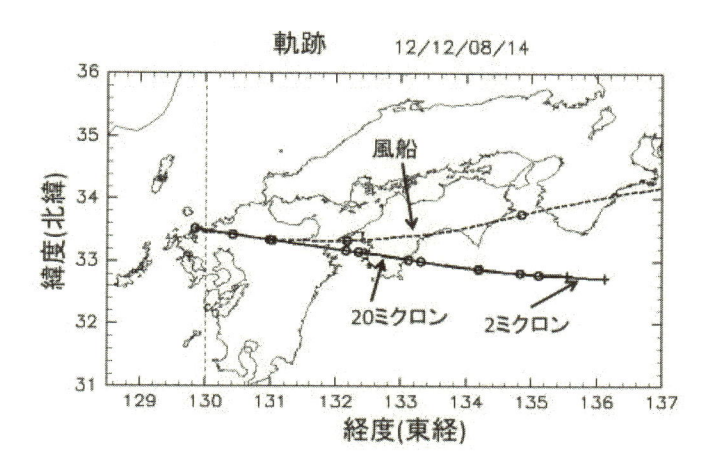

図4　放射性微粒子の初期高度が 3000 m であること以外は図2と同じ．

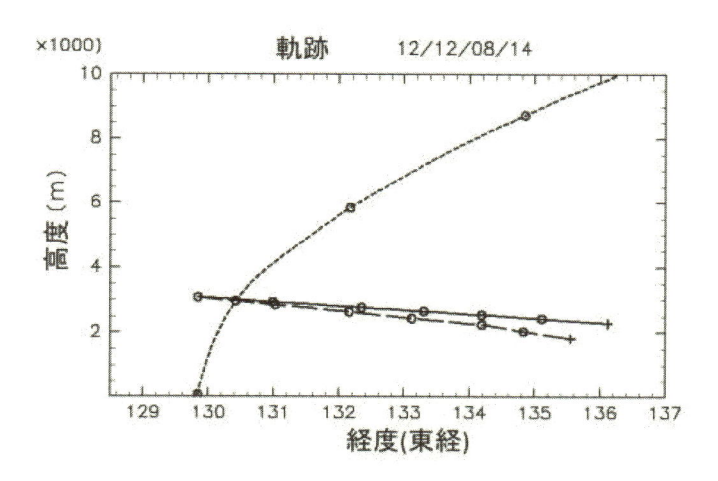

図5　放射性微粒子の初期高度が 3000 m であること以外は図3と同じ．

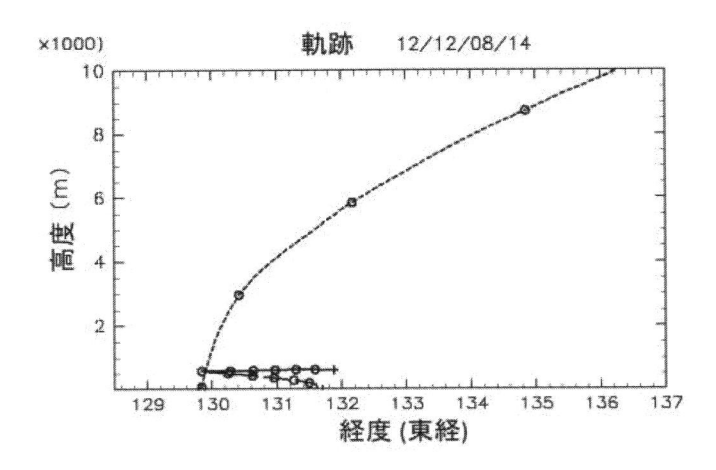

図3 風船と放射性微粒子の飛行のシミュレーション結果．図2と同じで，経度・鉛直断面を示す．

　東に進みながら，最初は少し南へ，後に北へ動いていくが，当然ながら図1の風と整合的である．高知市まで約2時間半で飛ぶという拘束条件もうまく満たしていることがわかる．また他の発見場所とも齟齬はなく，全体として風船の飛行シミュレーションはうまくいっていると言える．20 μmの放射性微粒子のほうは下降傾向が見られ，5時間過ぎに乾性沈着している．一方，2 μmのものはほぼ大気の運動に追随して，ほぼ水平に移動している．2 μmの粒子の1時間あたりの落下速度が1 m以下であるので（表1参照），飛行域周辺で鉛直流が弱かったことを反映している．

　風船と放射性微粒子の位置関係を見てみよう．図からすぐにわかることは，両者はかなり異なった運動をするということである．特に高度の違いと時間ごとの位置の違いは顕著である。飛行方向は比較的合っているように見えるが，これはどこの高度でも西風が卓越しているためである（図1(a)）．

　風向が高度によって違えば，飛行方向も大きく食い違ってくる．ここでは示していないが，風船はどこかで破裂して下に落ちてくる．しかし，2 μmの放射性微粒子は6時間後までにはなお500 mの上空に位置しているので，少なくとも雨が降っていなければ，地表には落ちてこないこともわかる．放射性微粒子は6時間後でも九州の上空から抜け出ていない．

　図4と図5は，第1回風船プロジェクトの風船と初期高度3000 mの放射性微粒子を6時間後までシミュレートした結果で，図4が水平位置，図5が経度・高度位置を示している．風船の飛行軌跡は図2，図3とまったく同じである．3000 m

$$w_b(z) = w_0 \exp\left(-\frac{z}{h_0}\right) \tag{7}$$

風船の平均的な浮力や自重，形状を考慮したうえで，シミュレーション結果を踏まえ，最終的には，第2回目と第3回目はw_0 =0.70 m s^{-1}, h_0 = 7000 m とした[13]. 第2回目，第3回目とは異なる紙による風船を使った第4回目は，(7)式で w_0 =0.50 m s^{-1}, h_0 = 4000 m とした．上昇速度が十分小さくなると，鉛直流の効果が効いてくるが，それは無視している．

3-1 第1回風船プロジェクトの飛行シミュレーション

実際に風船と放射性微粒子の飛行をシミュレートした結果を見てみよう．図2と図3は，2012年12月8日14時に放球された第1回風船プロジェクトの風船と初期高度500 mの放射性微粒子を6時間後までシミュレートした結果で，図2が水平位置，図3が経度・高度位置を示している．

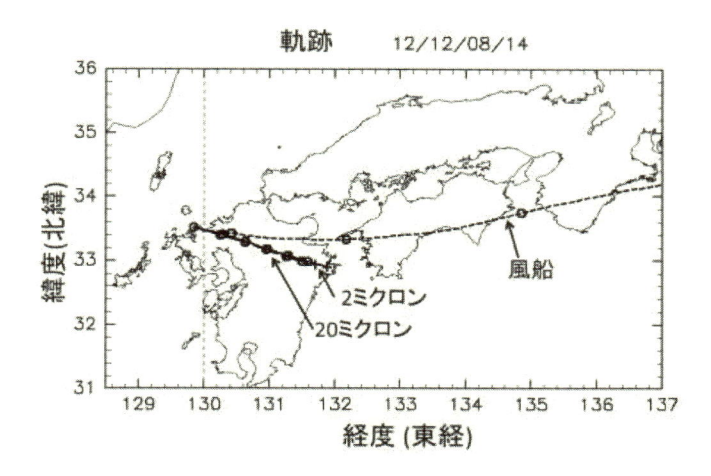

図2 2012年12月8日における風船と放射性微粒子の飛行のシミュレーション結果．水平位置を示す．点線は風船，実線（粒径2ミクロン）と破線（粒径20ミクロン）は初期高度500 mに置いた放射性微粒子の位置を示す．丸印は1時間ごとの位置を示し，+印は6時間後の位置を示す．風船は4時間後以前にこの図の範囲から外へ出ている．

となる.ここで T は任意の時刻,X が 3 次元空間の位置ベクトル,V は 3 次元の風ベクトル(水平風+鉛直流),w_r は放射性微粒子の終速度,k は鉛直方向の単位ベクトル,X_0 は微粒子の初期位置である.要するに風によって流されながら w_r で落ちていく粒子の動きを求めている.X_0 のうち水平位置(x_0)は原発の位置,高さ方向は浮力を失った位置(z_p) であり,ここでは z_p = 500 m (または 3000 m)とする (正確には 500 m (または 3000 m) + その場所の標高 z_0 としている).

次に風船であるが,こちらは高度と水平位置を分けるほうがわかりやすい.

$$z(T) = \int_0^T w_b(z)dt + z_0, \tag{5}$$

$$x(T) = \int_0^T \upsilon(x(t),z(t))dt + x_0 \tag{6}$$

となる.z は高度,x は水平位置を表すベクトル,w_b は風船の上昇速度,υ は水平風ベクトルである.(5)では,積乱雲域を除くと w_b >> |w| (w は鉛直流の速度) なので,それを用いている.

このように方程式が書けるので,風の 3 次元データがあれば風船と微粒子の飛行シミュレーションが可能となる[11].風の 3 次元データとしては,気象庁気候データ同化システム(JCDAS) による客観解析データを用いた.客観解析とは,不規則に分布した観測データから規則的な格子点での大気の状態を与える過程を言い,本データの解像度は緯度・経度とも 1.25°(緯度 1.25° は約 139 km になる)である[12].詳しい計算方法は少し専門的になるので省略するが,興味のある方は文献[2]に書かれているので参照していただきたい.

風船の飛行シミュレーションにおける大きな問題はその上昇速度をどのように設定するかである.風船の上昇速度は,風船が球形と見なされる場合,純浮力と自重の関数である半経験的な式がある.しかし球形の風船を用いた第 1 回目には事前に浮力等の測定を行っていない.第 2 回目以降は「固い」風船なので浮力は決まっているが,形が円盤状なので式に当てはめるわけにはいかない.したがってどちらとも推測によらざるを得ない.まず,具体的な上昇速度は風船ごとに異なるもののそれほど大きなばらつきはないものと仮定した.

さらに,風船の発見場所と時刻が強い拘束条件となるので,さまざまな上昇速度を与えたシミュレーション結果と照らし合わせて,それらにうまく合うような上昇速度が実際の上昇速度であるとした.第 1 回目のプロジェクトにおける風船は,すでに述べたように,ゴム風船に似た膨らみ方をするものであったので,上昇速度は高度によらず一定とした.いくつかの上昇速度を与えたシミュレーションの結果,w_b = 0.8 m s^{-1} が最も良い結果を与えた.

第 2 回目と第 3 回目の風船は,「固い」材質の円盤状のものであった.製造元に問い合わせたところ,「固い」とは言ってもある程度は気圧低下にともなって膨らむとのことであったので,次のような上昇速度を仮定した.

シミュレーションの拘束条件となり得る発見報告として，2時間30分後に340 kmの地点（高知市鴨部）からのものがあった．仮に発見された時刻と風船の到達時刻が同じであるとすると（実際に差は小さいと考えられる），風船の平均水平速度は39 m s^{-1}となる．上でも述べたように下層の風速は弱いので，かなりの上空を飛んだものと考えられる．

　また，最初の発見は，2時間20分後に福岡市西区周船寺であった．これは，風船プロジェクト参加者が福岡市内の自宅への帰りに飛んできた風船を目撃したものだという．周船寺は39 km地点になるので，この風船の平均水平速度は4.6 m s^{-1}となる．したがって，この風船はそれほど高い上空まで上がらず，比較的低空を飛んだものと考えられる．

　第2回目の風船プロジェクトは2013年4月14日に行われ，放球時刻は同じく14時である．この回から使われる風船は「固い」材質のものに変わった．形状も円盤状である．

　この日の上空の風は図1(b)に示しているように陰影は薄くなっており，冬と比べると西風はかなり弱い．上空5 kmでは25 m s^{-1}程度と，冬の約半分である．したがってまた鉛直シアーもそれほど強くない．一方，南北風は，高度5～6 kmの134°E（東経134度）以西を除いて一般に南風である．

　シミュレーションの拘束条件となり得る最初の発見報告は，3時間後の210 kmの地点（山口県熊毛郡田布施町波野）からのものである．発見された時刻と風船の到達時刻が同じであるとすると，風船の平均水平速度は19 m s^{-1}となる．

3　放射性微粒子と風船の飛行シミュレーション

　4回の風船プロジェクトにおいて飛ばされた風船と放射性微粒子の飛行シミュレーションを比較してみよう．原発事故により放出される放射性微粒子は，その爆発の規模によりさまざまな高度まで噴き上げられる．2011年3月14日の3号機の爆発と同程度の爆発規模であれば500mまで噴き上げられると考えてよい．また，1986年4月25日のチェルノブイリでの最初の爆発と同程度の爆発規模であれば数千メートルまで噴き上げられると考えられる．ここで，これらの2つの爆発規模を想定して，玄海原発サイトから爆発により500 mと3000mまで噴き上げられた粒径2 µmと20 µmの放射性微粒子，および同じサイトの地表面から飛ばされた風船の飛行シミュレーションを行うことにしよう．Kaneyasu等[9]あるいは大原等[10]によると，放射性セシウムの粒径は大部分が2 µm以下あるいは2~3 µmに極大があると報告されているので，20 µmは明らかに大きすぎるが，比較のためシミュレートしたものである．

　時間とともに微粒子と風船の位置がどのように変化するかを式で書くと，以下のようになる．いずれも速度を時間tで積分すれば距離となることを使っている．まず微粒子であるが，初期時刻を0とすると，

$$X(T) = \int_0^T \{V(X(t)) - w_r \boldsymbol{k}\} dt + X_0 \tag{4}$$

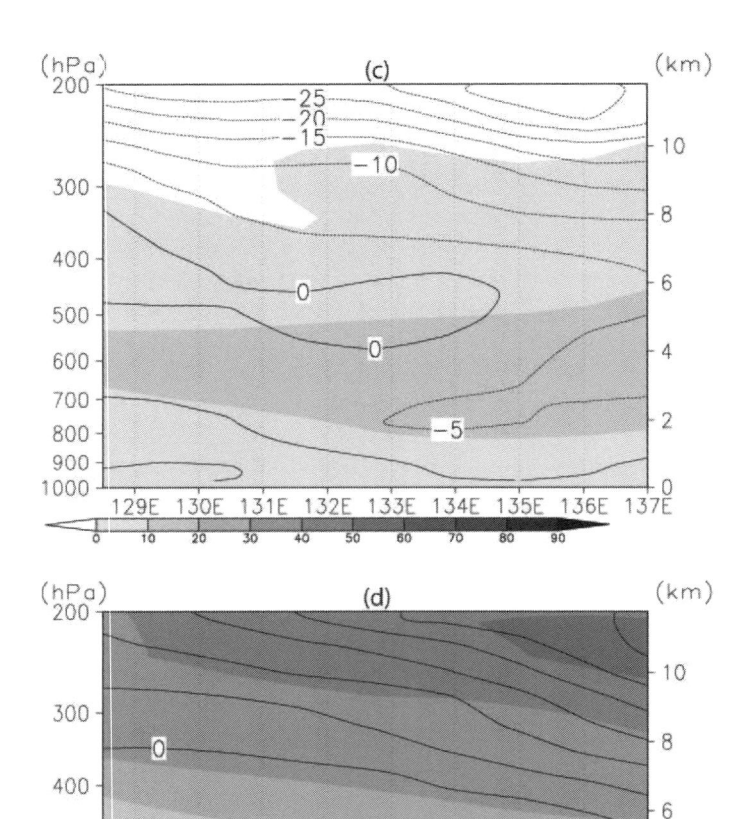

図1 (a) 2012年12月8日15時における約33°Nに沿う風の高度・経度分布. (b) 2013年4月14日15時における約34°Nに沿う風の高度・経度分布. (c) 2013年7月28日15時における約33.5°Nに沿う風の高度・経度分布. (d) 2013年10月27日15時における約33°Nに沿う風の高度・経度分布. 陰影が西風, 等値線が南北風(南風を正とする)を表す. 縦軸は左側が高度に対応した気圧(hPa), 右側がおよその高度(km), 横軸は経度を示す. 横軸下の陰影のスケールは西風の風速($m\ s^{-1}$)を示す.

(6)

33 度付近の東経 128.5 度から 137 度までの上空の風向きと風速を正確に表現したものとなっている．

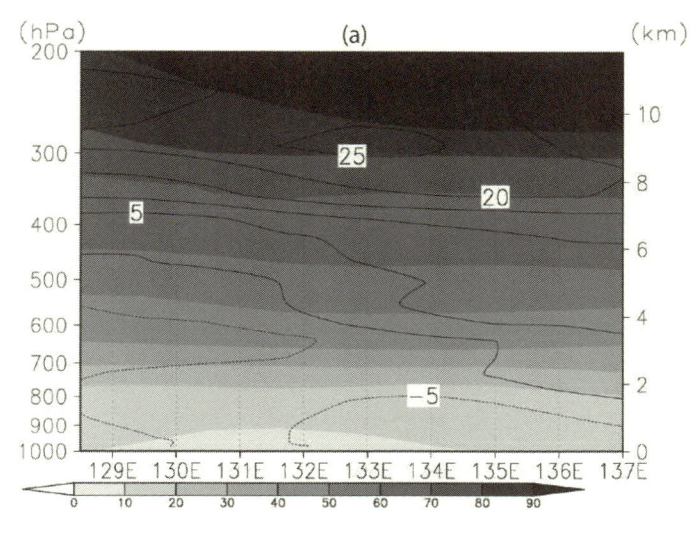

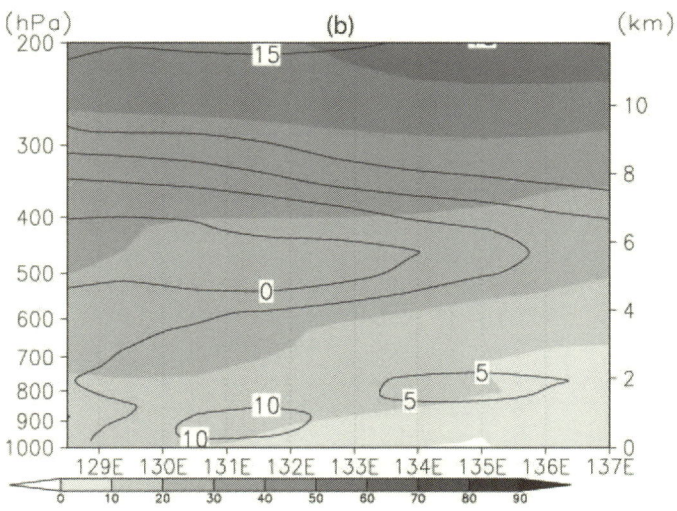

特別寄稿　論文「風船と放射性微粒子」　　(5)

る．アルキメデスの原理である．ただ空気抵抗のため，上昇速度はすぐにほぼ一定になる．ゴムでできている普通の風船は，上空で気圧が下がると，それにともなってどんどん膨らんで，風船のなかの圧力が周りの気圧と同じになるので，常に同じ浮力を得て，基本的にはどこまでも上昇し続けることになる．

しかし最近では，「固い」風船もある．この「固い」風船は上空での気圧が低くなっても，風船はそれほど膨らまず空気の密度が小さくなると浮力を失うことになるので，普通のゴム風船のように上昇し続けることはない．

風船からヘリウムが徐々に脱け出ると浮力も徐々になくなり，ついには自重のほうが大きくなって落ちることになる．これは比較的ゆっくりと落ちることになる．普通のゴムの風船では，たいていの場合，上空で風船が破裂して落下すると考えられる．気圧 250 hPa の高さ（10 km より少し高い程度）まで行けば，風船の体積は 4 倍程度になる．ここまで大きくなることに耐えられる普通のゴム風船は多くはない．また上空へ行けば氷が風船表面で成長したりすることもあり，これも風船を壊しやすくする．破裂した場合は素早く落下してくることになる．

風船の上昇速度が 0.8 m s^{-1} とすると，高さ 10 km に到達するのには 3 時間半かかることになる．3 時間半では普通の結び方をしていればヘリウムが顕著に減ることはなく，またここまでの高さにはどんな風船も到達できないと考えられるので，これより長く，また遠くまで普通のゴム風船が飛ぶことはできないと考えられる．

実際に飛んだ風船の記録を見てみよう．これまでに 4 回のプロジェクトが行われている．風船の発見の記録は風船プロジェクトのホームページ[1]にあるので，必要な場合は参考にしてほしい．風船の発見時刻と実際の到達時刻が比較的近いと考えられるものが考察の対象となる．

第 1 回目の風船プロジェクトは 2012 年 12 月 8 日に原発サイト近くで行われた．放球時刻は 14 時である．風船の材質はゴムではなく環境に配慮したものではあるが，膨らみ方はゴム風船と同様のものである．北緯 33 度付近の東経 128.5 度から 137 度までのこの日の上空の風の様子が図 1 (a)に示されており，冬の典型的な風が吹いていることがわかる．陰影は西風の風速（m s^{-1}）を表している．上空にはジェット気流が存在し，8 km より上では 80 m s^{-1} 以上の西風が見られる．5 km でも 50 m s^{-1} を超えている．

一方，下層の風はそれほど強くなく，上下の風速差（これを鉛直シアーという）は大変大きい．等値線は南風を正とした南北風の風速を表している（実線による等値線は南風，点線による負の等値線は北風を示す）．8 km より上では 20 m s^{-1} 以上の南風が見られる．2～5 km の低空では風速が負，つまり，北風の領域が見られている．また一般に，下層では北風が，上層では南風が卓越している．

実際の風向きと風速は，これらの西風（あるいは東風）と南風（あるいは北風）の合成となる．例えば，西風の風速が 20 m s^{-1} であり，南風の風速が 20 m s^{-1} であれば，実際の風向きと風速は，それらをベクトル的に合成した南西風で 28 m s^{-1} ということになる．このように図 1 (a)は，2012 年 12 月 8 日 15 時における北緯

粒径2 μm程度以下の微粒子はほとんど落下せず，まわりの大気とともに風下に流されていくことになる．

最近話題となっているPM2.5とは，粒径が2.5 μm以下の微粒子のことである．このPM2.5が大気中に浮遊している理由は以上述べたことから容易に理解できるであろう．

しかし，(2)式からわかるように，粒径が異なれば落下速度は粒径の2乗に比例して大きくなる．例えば，砂丘の砂粒の粒径（直径）はほぼ0.35 mmであるが，その砂粒は密度を2 g cm^{-3}として(2)式から計算すると7.4 m s^{-1}程度の終端速度になる．1秒の間に約7 mも落下することになるので，これでは砂丘の砂粒はあまり遠くまで飛べないことになる．

それに対して黄砂に含まれる砂粒の粒径はほぼ0.004 mm（4 μm）であり，(3)式の導出で与えた放射性微粒子の2倍の粒径になっている．したがって，その終端速度は砂の密度も加味して考えれば，(3)式の8倍程度，約0.001 m s^{-1}となり，1秒間に1 mmしか落下しない．高度1 kmまで巻き上げられた黄砂が地上に落ちるまでには10数日はかかることになる．中国で巻き上げられた黄砂が日本にまで届くのは道理である．

表1に粒径（直径）2，20，200 μmの微粒子（密度2 g cm^{-3}）の終端速度と1時間あたりの落下距離を参考のため示しておく．

表1 微粒子の粒径と終端速度および落下距離

粒径(μm)	終端速度 (m s^{-1})	1時間あたりの落下距離(m)
2	2.4×10^{-4}	0.86
20	2.4×10^{-2}	86
200	2.4	8600

放射性微粒子が地面に落ちることを沈着という．2通りの沈着がある．1つは，大気の下降流などで地表近くに運ばれた微粒子がそのまま重力や乱流によって地面に落ちる場合で，これを乾性沈着という．もう一つは，微粒子が雨や雪によって地面に落ちる場合で，これを湿性沈着という．湿性沈着は，放射性微粒子の場合には特に重要である．福島の飯舘村や中通りへの放射能汚染は，この湿性沈着の影響が大きかったと言われている[8]．大気中の微粒子が雨などによって沈着すること自身は目に見えない．しかし，沈着したことは，雨後の澄んだ空気によって実感することができる．この澄んだ空気は，大気中に存在していた微粒子が雨によって多くが湿性沈着してほとんど存在しなくなった結果である．

2 風船の飛び方

次に，風船の飛び方を考える．風船の中にはヘリウムガスが充填されている．中のヘリウムが空気より軽いことによって，風船は浮力を得て高く昇ることにな

特別寄稿　論文「風船と放射性微粒子」　　**(3)**

　放射性微粒子の高度分布は，爆発の形態や規模によりさまざまである．例えば，2011年3月12日の福島第一原発1号機の爆発では，放射性物質はあまり高くまで噴き上げられなかった．しかし，2011年3月14日の福島第一原発3号機の爆発によって放射性微粒子を含む粉じんは約500 mの上空まで達した[3]．1号機の爆発は水素爆発であるが，3号機の爆発には水素のみでなくコリウム・コンクリート反応により発生した一酸化炭素が関与した可能性が高い[3, 4]．また，1986年4月26日のチェルノブイリ事故での最初の爆発では，放射性微粒子は数千メートルまで噴き上げられたと想定されている．プディキエビッツ[5]は爆発直後に4000mまで噴き上げられたとし，ハス等[6]は5000m以上にまで噴き上げられた可能性もあるが，2000m以上に噴き上げられたとして放射性プルームの拡散のシミュレーションを行っている．チェルノブイリのこの最初の爆発は，水蒸気爆発であったと考えられている[7]．水蒸気爆発は，水素爆発などに比較して爆発の威力ははるかに大きい．体積が一気に1000倍以上にもなるからである．ともかく，放射性微粒子は，まわりの空気とともに比較的短時間のうちにさまざまな高度まで運ばれる．その後，放射性微粒子は一般にゆっくりと落下するが，大気が上昇流であればさらに上空まで運ばれ，下降流にあえば通常の落下よりも速く落下することになる．

　ここで，放射性微粒子について鉛直方向の落下運動について考えてみる．放射性微粒子が受ける鉛直方向の力は，重力と空気の抵抗である．このうち後者は空気中を落下する小さな球体の場合はその速度vに比例し，$6\pi n r v$であることが知られている(ストークスの法則)．ここでrは粒子の半径，nは空気の抵抗係数(1.8×10^{-5} Pa s)である．したがって微粒子の質量をmとすると，下向きを正にとった運動方程式は

$$ma = mg - 6\pi n r v \tag{1}$$

となる．ここでaは微粒子の加速度，gは重力加速度(9.8 m s^{-2})である．微粒子はすばやく一定の速度に達する．その速度を終端速度と呼ぶ．その時には加速度aはゼロなので，終端速度v_tは，(1)式から

$$v_t = \frac{2}{9}\frac{\rho g r^2}{n} \tag{2}$$

と与えられる．ここで$m = \frac{4}{3}\pi r^3 \rho$ (ρは微粒子の密度)を用いている．

　微粒子の半径を1ミクロン(μm)，密度を1 g cm^{-3}として終端速度を計算すれば，

$$v_t = 1.2\times10^{-4}\text{ m s}^{-1} \tag{3}$$

となる．つまり，半径1 μm（直径で2 μm）の放射性微粒子は10000秒（3時間弱）に1.2 mしか落下しないことになる．1 km上空に吹き上げられた放射性微粒子が地上に落ちてくるには，8.3×10^6秒かかることになる．これは約100日である．密度を2 g cm^{-3}としても，一ヵ月半以上は地上に降りてこない．数km（数千メートル）まで上空に吹き上げられた放射性微粒子は，地球をぐるぐる回ることになる．つまり，

(2)

風船と放射性微粒子

三好　永作（専門：理論化学）
伊藤　久徳（専門：気象学）

　放射性微粒子は目に見えない．原発サイトから風船を飛ばして，その風船を発見した人からの発見時間・場所の報告を受けることで，放射性微粒子の動きを可視化しようという「風船プロジェクト」の試みがある．本論文では，風船と放射性微粒子の飛び方を科学の目で観て，それらの違いと類似性を検討する．そのうえで「風船プロジェクト」の意義を論じる．

はじめに

　原発事故などにより環境中に放出された放射性物質が大気とともに雲のような状態で移動するものを放射性プルームという．放射性プルームの中には，放射性希ガスなどの気体状のものや微細な粒子状のものがある．気体状の放射性物質や粒径の小さい粒子状の放射性物質は，まわりの大気にほぼ追随した形で移動する．しかし，粒径の大きい粒子状の放射性物質は，落下速度が大きくなるので，時間の経過とともに他の放射性プルームから離れていく．ここでは，放射性プルームの中の粒子状の放射性物質を放射性微粒子と呼んで議論を進めることにする．

　放射性プルームや放射性微粒子は目に見えない．目に見えない放射性微粒子の動きを目に見えるようにする試みがある．「原発なくそう！九州玄海訴訟」の原告団が「風船プロジェクト」[1]を立ち上げ，風船発見者からの発見時間および場所の報告を受けることで，放射性微粒子の動きを可視化しようという試みである．ほかにも同様のプロジェクトがある．しかし，風船と放射性微粒子の飛び方は必ずしも同じではない．その違いを検討するとともに風船プロジェクトの意義について考えてみる．本論文は，第1回目と第2回目の風船プロジェクトのみを論じた文献[2]に第3回目と第4回目の風船プロジェクトの内容についても加筆して，風船プロジェクト全体を総合的に論じたものである．

1　放射性微粒子の飛び方

　原発事故によって放出される放射性微粒子は，爆発的事象をともなわず単に漏れ出る場合もあるが，福島原発事故でもあったように爆発により高所に運ばれることが一般的であろう．爆風の上昇速度に加えて，まわりの空気より放射性微粒子を包む空気が暖かいので上昇する．最終的には周りの空気の温度とほぼ同じになるので，そこで浮力を失って上昇をやめることになるが，大規模な爆発の場合には，放射性微粒子を包む高温の空気量が多いため，冷やされ方も遅くなる．

特別寄稿

論文「風船と放射性微粒子」

三好永作九州大学名誉教授（理論化学）と伊藤久徳同大学名誉教授（気象学）が、2014年2月号の「日本の科学者」に風船プロジェクト第1弾と第2弾の結果を分析した論文を発表。今回ブックレットの発行にあたり、第3弾・第4弾も分析し、加筆修正していただきました。

風船プロジェクトブックレット編集委員：
　いのうえしんぢ（イラストレーター）
　後藤富和（原発なくそう！九州玄海訴訟弁護団・弁護士）
　田中美由紀（原発なくそう！九州玄海訴訟原告団＆支える会事務局）
　山本弘之（ジャーナリスト・取材記者）
　吉田恵子（原発なくそう！九州玄海訴訟唐津原告の会世話人）

写真：山本香織ほか

風船プロジェクトホームページ　http://genkai-balloonpro.jimdo.com/
Facebook　https://www.facebook.com/genkai.balloonpro
twitter　@balloonpro2012

風がおしえる未来予想図　脱原発・風船プロジェクト～私たちの挑戦

2014年6月1日　初版第1刷発行

編者　──　原発なくそう！九州玄海訴訟「風船プロジェクト」実行委員会
発行者　──　平田　勝
発行　──　花伝社
発売　──　共栄書房
〒101-0065　東京都千代田区西神田2-5-11 出版輸送ビル2F
電話　　　03-3263-3813
FAX　　　03-3239-8272
E-mail　　kadensha@muf.biglobe.ne.jp
URL　　　http://kadensha.net
振替　──　00140-6-59661
装幀　──　いのうえしんぢ
印刷・製本 ─ 中央精版印刷株式会社

ⓒ2014　原発なくそう！九州玄海訴訟「風船プロジェクト」実行委員会
本書の内容の一部あるいは全部を無断で複写複製（コピー）することは法律で認められた場合を除き、著作者および出版社の権利の侵害となりますので、その場合にはあらかじめ小社あて許諾を求めてください

ISBN 978-4-7634-0703-0 C0036

原発を廃炉に！
──九州原発差止め訴訟

原発なくそう！九州玄海訴訟弁護団
原発なくそう！九州川内訴訟弁護団　編著

定価（本体800円＋税）

●原告団にあなたの参加を！
フクシマを繰り返すな！　九州発──この国から原発をなくそう！　半永久的・壊滅的被害をもたらす原発。国の原子力政策の転換を求める。

原発を廃炉に！PART 2
──1万人原告の挑戦

「原発なくそう！九州玄海訴訟」弁護団　編著

定価（本体1000円＋税）

●原告1万人訴訟の大プロジェクト
史上最大・最悪の企業公害、環境破壊としての原発事故。存在する原発はすべて危険だ。原発の安全性とは「国の基準を守ること」ではない。圧倒的多数の国民世論に支えられた「力のある正義」による解決を。九州発──この国から原発をなくそう！第2弾。

水俣の教訓を福島へ
―― 水俣病と原爆症の経験をふまえて

原爆症認定訴訟熊本弁護団　編著

定価（本体1000円＋税）

●誰が、どこまで「ヒバクシャ」なのか？
内部被曝も含めて、責任ある調査を！
長年の経験で蓄積したミナマタの教訓を
いまこそ、フクシマに生かせ！

水俣の教訓を福島へ part2
―― すべての原発被害の全面賠償を

原爆症認定訴訟熊本弁護団　編
荻野晃也、秋元理匡、　著
馬奈木昭雄、除本理史

定価（本体1000円＋税）

●東京電力と国の責任を負う
原発事故の深い傷痕。全面賠償のため
には何が必要か？　水俣の経験から探
る。

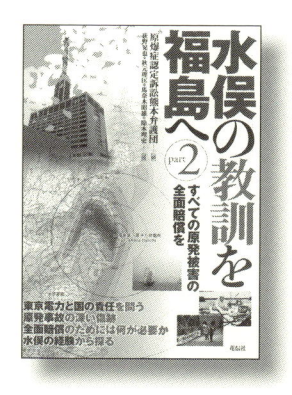

アウト・オブ・コントロール
――福島原発事故のあまりに苛酷な現実

小出裕章　高野孟　著

定価（本体1000円＋税）

●大人はもういい！ 子どもたちの未来のために何ができるのか？
今も終わらない福島原発事故の真実。2011年段階から少しも変わらない「アウト・オブ・コントロール」の状態にあることは明らか。これからどう収拾させていくのか。抜本的解決策は何か。

放射能汚染――どう対処するか

宮川彰・日野川静枝・松井英介　著

定価（本体1000円＋税）

●未曽有の事態――だからこそ信頼できる情報と正しい知識。呼吸器専門医が明かす内部被曝の真実。